Node.js 进阶之路

■ 尤嘉◎编著

清華大學出版社
北京

内 容 简 介

本书内容涵盖了 Node.js 高并发的原理、源码分析以及使用 Node.js 开发应用所需要的不同层面的技术实践。具体来讲，本书包括 Node.js 异步机制（配以源码分析）、编辑与调试、测试技术、Docker 部署、模块机制、V8 引擎与代码优化、Promise 和 ES6 Generator、LoopBack 开源框架、使用 C++ 编写扩展、JavaScript 严格模式、编码规范等内容。在 LoopBack 章节，本书详细介绍了使用此框架开发企业级 Web 应用的步骤，帮助读者迅速掌握使用这个强大框架的诀窍。最后一章详细介绍了编写不同类型的 C++ 模块的知识，并对堆内存管理等内容做了深入探讨。

本书适合所有前端和后端的开发人员阅读。

图书在版编目(CIP)数据

Node.js进阶之路 / 尤嘉 编著. —北京：清华大学出版社，2017（2019.8重印）
ISBN 978-7-302-45693-3

Ⅰ. ①N… Ⅱ. ①尤… Ⅲ. ①JAVA语言—程序设计 Ⅳ. ①TP312.8

中国版本图书馆 CIP 数据核字（2016）第 289152 号

责任编辑： 袁金敏
封面设计： 刘新新
责任校对： 徐俊伟
责任印制： 李红英

出版发行： 清华大学出版社
网　　址： http://www.tup.com.cn，http://www.wqbook.com
地　　址： 北京清华大学学研大厦 A 座　　**邮　　编：** 100084
社 总 机： 010-62770175　　**邮　　购：** 010-62786544
投稿与读者服务： 010-62776969，c-service@tup.tsinghua.edu.cn
质 量 反 馈： 010-62772015，zhiliang@tup.tsinghua.edu.cn
印 装 者： 清华大学印刷厂
经　　销： 全国新华书店
开　　本： 185mm×230mm　　**印　　张：** 12.75　　**字　　数：** 211 千字
版　　次： 2017 年 1 月第 1 版　　**印　　次：** 2019 年 8 月第 3 次印刷
定　　价： 49.00 元

产品编号：071875-02

前 言

本书写给那些打算或者正在使用 Node.js（简称Node，后文均用此简称）创建 Web 应用的开发者。众所周知，JavaScript 的灵活易用以及 V8 引擎的加速，再加上活跃的社区支持，使得用 Node 开发应用的成本低，收益大。2015 年 ES6 标准的确立，为JavaScript成为企业级开发语言扫除了不确定性。这本书的选材契合这个领域最新的技术进展，深浅适宜地介绍了 Node 技术栈的全貌。

本书共分9章。第1章概述，介绍 Node 异步实现的原理，涵盖了 Node 实现异步的两种方式。这部分引用了 Node 源码，以求逻辑清晰与内容翔实。第2章～第7章是站在 JavaScript 的角度，介绍了用 Node 开发应用的方方面面，包括编辑与调试、测试技术、Docker 部署、模块机制、V8 引擎与代码优化、Promise 和 ES6 generator 等内容。第8章介绍了 LoopBack 开源框架的使用。本书没有介绍 Express（可能读者早已熟悉），因为本书希望为读者引荐一个更加强大易用的企业级 Web 框架。第9章则从 C++ 的角度介绍了 Node 扩展模块的编写，这部分适合那些想要了解 V8 引擎的读者。可以说 C++ 是 Node 技术栈的基石。本书希望向读者呈现构成 Node 技术栈的JavaScript和C++ 全貌。

本书不假定读者有 Node 研发经验，但需熟悉 JavaScript。如果读者最近才接触编程，建议选一本更初级的教程，或者先到 W3School（http://www.w3school.com.cn/js/index.asp）上看看。本书每一章都有源码示例，这些示例大部分可以在 Node 支持的任何系统上运行，但也有例外。建议使用本书第3章介绍的容器，在 Linux 环境下运行本书示例。大部分示例代码可以从 https://github.com/classfellow/node-AdProgramming 下载。

饮半盏湖水，当知江河滋味；拾一片落叶，尽享人间秋凉。希望本书成为读者熟练掌握 Node 技术栈的那一盏湖水、一片落叶。

致谢

感谢 CNode 社区，它提供了一个非常好的平台，本书前期的一些章节从中得到了积极的反馈，使笔者有了继续写下去的动力。首都师范大学的刘晓莲同学，利用周末时间审阅了本书的稿件，提出的一些见解，使得本书在内容安排上更合理，更容易看懂，在此表示感谢。笔者周围的一些同事部分地阅读了初稿并给出了积极的反馈，在此一并谢过！

作者邮箱

pbft@foxmail.com

目　录

第1章　Node异步编程范式……1

1.1　同步与异步的比较……2

1.2　Node异步的实现……7

1.2.1　HTTP请求——完全异步的例子……8

1.2.2　本地磁盘I/O——多线程模拟……17

1.3　事件驱动……18

参考资料……19

第2章　搭建自己的开发环境……21

2.1　Node的编译与安装……22

2.2　开发与调试……23

2.3　单元测试……29

2.3.1　Mocha 测试框架……29

2.3.2　TDD 风格……32

2.3.3　BDD 风格……34

2.3.4　生成不同形式的测试报告……35

2.3.5　代码覆盖率工具Istanbul……36

参考资料……40

第3章　使用Docker部署Node服务……43

3.1　Docker基础……44

3.2 在Docker中运行Node ······ 45
3.3 导出配置好的容器 ······ 47
参考资料 ······ 48

第4章 Node模块 ······ 49

4.1 程序入口 ······ 50
4.2 VM模块 ······ 50
4.3 模块加载与缓存 ······ 52
4.4 模块分类 ······ 54
4.5 正确导出模块 ······ 55
4.6 小心使用全局变量 ······ 56

第5章 V8引擎 ······ 57

5.1 Java Script代码的编译与优化 ······ 58
5.1.1 即时编译 ······ 58
5.1.2 隐藏类 ······ 59
5.1.3 内联缓存 ······ 60
5.1.4 优化回退 ······ 61
5.1.5 写出更具亲和性的代码 ······ 62
5.1.6 借助TypeScript ······ 63
5.2 垃圾回收与内存控制 ······ 65
5.2.1 V8的垃圾回收算法 ······ 65
5.2.2 使用Buffer ······ 67
5.2.3 避免内存泄漏 ······ 70
参考资料 ······ 77

第6章　Promise对象 ········ 79

6.1　Promise的含义 ········ 80
6.2　基本用法 ········ 80
6.3　then的链式写法 ········ 82
6.4　bluebird库 ········ 85
参考资料 ········ 86

第7章　用ES6 Generator解决回调金字塔 ········ 87

7.1　Node异步实现流程 ········ 88
7.2　用Generator实现异步调用与多并发 ········ 89
7.3　严格模式下运行 ········ 99
7.4　理解执行过程 ········ 100
7.5　本章结语 ········ 106

第8章　LoopBack开源框架 ········ 107

8.1　安装与运行 ········ 108
8.2　路由与权限控制 ········ 113
8.3　添加新模型 ········ 121
8.4　初始化数据库 ········ 131
8.5　钩子机制 ········ 134
8.6　中间件 ········ 137
8.7　模型关系 ········ 139
8.8　使用cluster模式运行服务 ········ 141
参考资料 ········ 144

第9章 编写C++扩展 ······ 145

9.1 使用C++编写扩展模块 ······ 146

9.1.1 导出对象 ······ 146

9.1.2 导出函数 ······ 149

9.1.3 导出构造函数 ······ 151

9.2 线程模型与CPU密集型任务 ······ 164

9.3 线程对象 ······ 164

9.4 本章结语 ······ 170

参考资料 ······ 170

附 录 ······ 171

附录 A JavaScript 严格模式 ······ 172

附录 B JavaScript 编码规范 ······ 182

参考资料 ······ 195

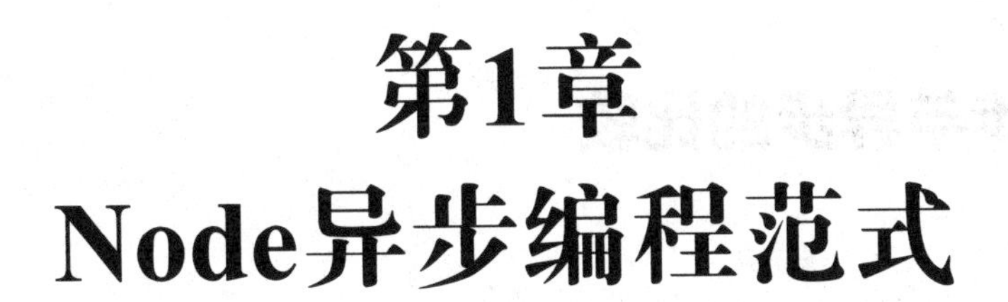

第1章 Node异步编程范式

本章通过实际案例，向读者介绍 Node 异步编程的优势和原理，这些内容帮助读者理解Node运行的本质。本章还就 Node 实现异步调用的两种机制进行详细的介绍，并引用源码，剖析其内部实现的流程。

1.1 同步与异步的比较

Node是一个JavaScript 运行时环境，它为 JavaScript 提供了一个异步 I/O 编程框架，较其他语言通常使用的同步式方案，其性能好比“搭载上了火箭”。Node的指导思想说起来也简单——CPU执行指令是非常快速的，但 I/O 操作相对而言是极其缓慢的。可以说，Node 要解决的也是这类问题，即给 CPU 执行的算法容易，I/O请求却频繁的情况。

请求到了，相对于传统的进程或者线程同步处理的方式，Node 只在主线程中处理请求。如果遇到 I/O 操作，则以异步方式发起调用，主线程立即返回，继续处理之后的任务。由于异步，一次客户请求的处理方式由流式变为阶段式。我们使用 Node 编写的 JavaScript 代码都运行在主线程。

假设一次客户请求分为三个阶段——执行函数 a，一次 I/O 操作，执行函数 b。如图1-1代表了同步式的处理流程。

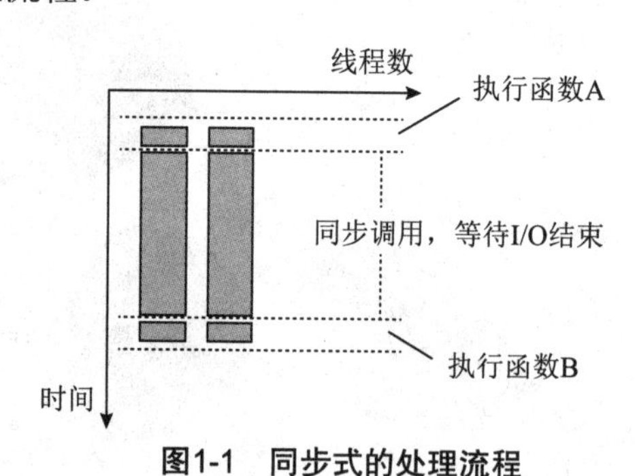

图1-1 同步式的处理流程

可以用一段伪代码描述同步请求的过程，如下所示：

```
// 代码 1-1
function request() {
  //开始执行函数 a
  $rel_a = stage_a();
  //读文件，将文件内容返回到 $data
  $data = readfile();
  //将前两步的结果作为参数，调用函数 b
  stage_b($rel_a, &data);
}
```

可见，同步式处理方式中，每个请求用一个线程（或进程）处理。一次请求处理完毕之后，线程被回收。同步式的方式只画出了两个线程，如果有更多客户请求，线程数还要增加。与之相比较，如图1-2所示则是 Node 异步执行的示意图。可见，Node 一个主线程解决了所有的问题。这种异步式处理流程中，每一个方块代表了一个阶段任务的执行。

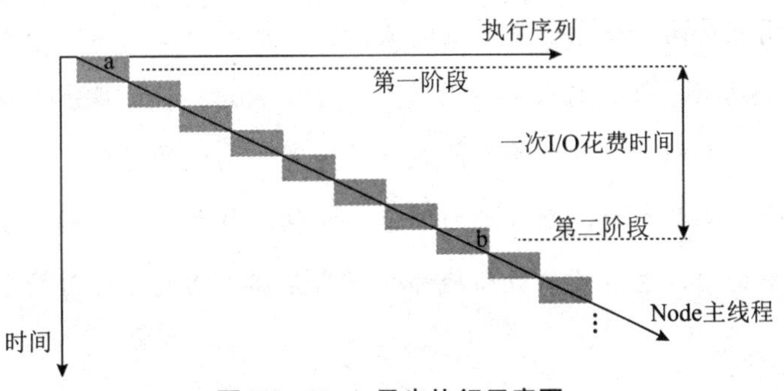

图1-2　Node异步执行示意图

对比同步，异步同样可以用一段伪代码表达Node异步的处理方式，如下所示：

```
// 代码 1-2
var request = function(){
  //开始执行函数 a
```

```
  var rel_a = stage_a();
  //发起异步读取，主线程立即返回，处理之后的任务
  readfileAsync(function(data){
    //在随后的循环中，执行回调函数
    stage_b(rel_a, data);
  });
}
```

Node也“站在巨人的肩上”。这个“巨人”是大名鼎鼎的 V8 引擎，有这样一个强大的“心脏”，再配合基于高阶函数和闭包的异步编码范式，使得用 Node 构建的程序在性能上有着出色的表现。

高阶函数与闭包是两个联系非常紧密的概念。如果一个函数以一个或多个函数作为参数，或者返回一个函数，那么称此函数为高级函数。Node 中大部分的异步函数，参数列表的最后一项接受一个回调，这类异步函数就符合高阶函数的定义。高阶函数执行后返回的函数，或者接受的函数参数，则被称为闭包。闭包的最大特点是引用了它之外的变量，这些变量既不是全局的，也不是参数和局部的，而是作为闭包执行时的上下文环境存在。如下所示：

```
// 代码 1-3
function wrapper(price){
  var freeVal = price;
  function closure (delta){
      return freeVal * delta;
```

```
  }
  return closure;
}
var clo1 = wrapper(100);
var clo2 = wrapper(200);
setTimeout(function(){
  console.log(clo1(1));
  console.log(clo2(1));
}, 500);
```

代码1-3运行后输出的结果如下：

```
100
200
```

函数 wrapper 是一个高阶函数，执行后返回一个闭包，这个闭包将 price 纳入自己的作用域，price 就不再是函数内部的局部变量，它有一个名字叫自由变量，其生命期与闭包绑定。price 这样的自由变量被闭包内的代码引用，成为闭包执行的上下文。

Node高性能的来源，得益于它异步的运行方式。可以举一个例子来理解异步对性能的提升。按照目前北京出入车辆管理规定，外地来的车需要办理进京证，而办进京证需等待一定时间。如果每个人都自己跑去办理，就好比开启多个线程同步处理，办理窗口有限，就得排队。而把这件事委托给第三方，就好比不开启线程或进程，把耗时的I/O请求委托给操作系统。这种情况下人们从办证的任务中解放出来，因而能继续做其他事情。若来了一个任务，交给第三方去处理，则第三方就有一个接单队列，其只需拿着所有的接单，去办理地点逐个办理即可。

如图1-3所示是办理进京证的示意图。假设有20个人，每人开车来回花费2小时，往返油费60元，办理窗口有两个，在窗口办完一个进京证平均需要5分钟。不考虑排队时间，则20个人办证花费的总时间至少是20×2 + 20×5÷60小时，总油费是20×60元。按照目前北京市最低工资标准推断，假设有车族时薪为100元，则总成本为(20×2+20×5÷60)×100+20×60元，这个数字大概是5367元。下面来对比一下异步办理进京证的花费。

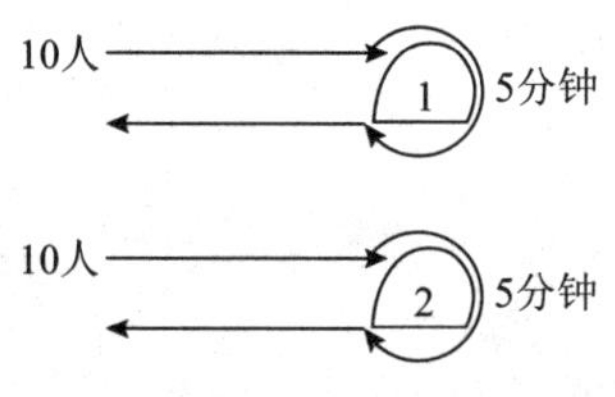

图 1-3　同步办理进京证示意图

客户将资料交给代理者，此人拿着 20 个客户的资料，一个人办理完所有事情。同样假设此代理者的时薪为 100元，则总花费为(20×5÷60)×100+60元，这个数字大概是 227元。还应该注意到，这种方式还省去了一个办理窗口，如图1-4所示。

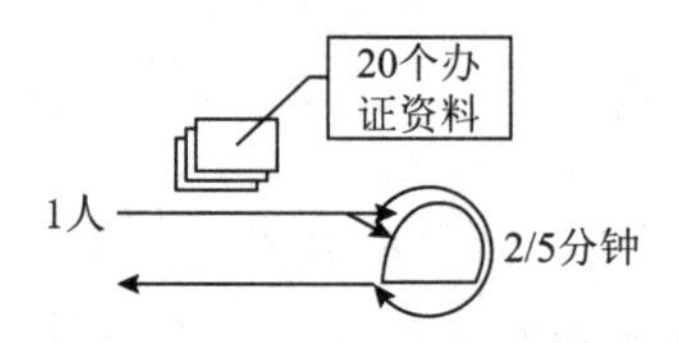

图 1-4　异步办理进京证示意图

在上面的讨论中，将任务委托给第三方，至少涉及两个细节，一是上下文，二是后续动作如何对接。以办证为例，客户需要把自己的一些资料交给代理人。办完之后，代理人需要有一种方式将结果交给客户。在同步办证逻辑中，所谈的这两个细节是不需要特别提出的。人们排队去窗口办理，轮到的人，说明来意，交出资料，耐心等待；办证窗口里面的工作人员办理好后，把新证交给窗口处的等待者即可。但在异步办证的逻辑中，所谈的这两个细节就需要认真考虑了。代理者去一个窗口办理，因为办证处仍然具有同时处理两个请求的能力，所以代理者同时交出两个客户资料请求办理。假设这个代理人把 A 和 B 的资料交给窗口，只过了 4 分钟，就办好了一个，此人需要判断此证属于 A 还是 B，不能搞混了，否则他后续的步骤将会出错。这种因为异步带来的返回结果次序的不确定性，是异步编程框架需要解决的一个问题。

假设有一个异步读取文件函数 readAsync，在主线程中，调用此函数发起了一个异步读取操作。因为执行的是异步函数，所以主线程立即返回，继续处理其他任务。操作系统执行完具体的读取操作后，将数据准备好，通知主线程。这个过程需要解决的一个问题是，当主线程得到通知后，如何识别异步请求是谁发起的，以及得到数据之后下一步该做什么。前面讲到了闭包，这里恰恰就需要闭包的特性对接执行流程。因为闭包保留了异步调用发起时的上下文信息，于是执行闭包，将结果传入，就可沿着发起读取文件时的执行环境继续运行后续逻辑。

设想如果来了1000个并发请求，按照创建进程或线程的同步处理方式，一个服务器运行这么多进程或者线程，使CPU频繁地在上下文切换是多么低效。CPU 和内存资源的内耗挤压了真正花费在处理业务逻辑上的时间，造成服务器性能下降，但假如服务器少开线程，则又会造成请求排队等待。而在异步方式下，不需要开多余的线程，所有请求均由主线程承担。一旦遇到耗时的 I/O 请求，以异步的方式发起调用。一次异步调用同时也会创建一个闭包传进去，操作系统执行具体的 I/O 操作，将结果放入指定缓存，然后将本次 I/O 置为就绪状态。主线程在每一次循环中，收集就绪的请求，取出原先的闭包，然后调用回调函数并将结果传入。这个过程不需要创建任何多余的线程或进程。在1.2节，将以实例从脚本和 C++ 层面描述这个过程。

Node能够最大限度利用硬件资源，其原因即如此。换句话说，CPU 把绝大多数时间花在处理实际业务逻辑上，而不是线程或进程的等待和上下文切换上。在这种处理模式下，假如主线程阻塞，那说明真的是没有任务需要处理，而不是等待 I/O 结束。

1.2 Node异步的实现

本节从一次HTTP请求来跟踪Node内部的执行过程，读者可以从中了解 Node 是如何工作的，然后再将网络 I/O 与本地磁盘 I/O 做对比，指出 Node 实现异步调用的两种机制。读者在阅读本节时，可以比照着 Node 源码来看，以加深理解。

1.2.1 HTTP请求——完全异步的例子

HTTP是一个应用层协议，在传输层使用TCP协议与服务器进行数据交互。一次HTTP请求分四个阶段，分别是连接、请求、应答、结束。如下代码是一段发起HTTP请求的代码，下面就以这段代码为例，看看 Node 是如何以异步的方式完成上述四个过程的。

```
// 代码 1-4
"use strict";
var http  = require('http');
var options = {
  host: 'cnodejs.org'
  ,port: 80
  ,path: '/'
  ,method: 'GET'
  ,headers: {
    'Content-Type': 'application/json'
  }
};
var req = http.request(options);
req.once('response', (res)=>{
  var result = '';
  res.on('data', function (chunk) {
    result += chunk.toString();
  });
```

```
  res.on('end', function () {
    console.log(result);
  });
});
req.on("error", (e)=>{
  console.error(e.message);
});
req.end();
```

response 事件回调函数的写法使用了 ES6 标准的箭头函数，如果不关心函数名，这种写法可以使代码更加简洁。ES6 引入了大量新的语法特性，小到能够简化代码的“语法糖”，例如箭头函数（arrow functions）和解构赋值 (destructing)；大到原生支持 Promise 对象和生成器 (Generator)。其目标是使得 JavaScript 可以用来编写大型的、复杂的应用程序，成为企业级开发语言。关于 ES6 的更多知识，读者可以参考http://es6.ruanyifeng.com/#README。

文件开始的 "use strict" 语句，表示以严格模式运行。这里为了简单一些，将 Buffer 对象转换成字符串处理了。在实际中，应该始终以 Buffer 对象操作数据。下面我们先来看连接阶段的执行。

1. 连接阶段

当调用 http.request 函数发起请求之后，Node 会建立与服务器的 socket 连接，而socket 连接是需要IP地址和端口号的，所以中间还有一个 DNS 解析过程。http.request 函数返回的对象req代表了这次HTTP请求，其监听的response事件在连接建立之后，服务器的HTTP

头信息解析完毕之后触发。此对象的构造函数源码位于_http_client.js，这个构造函数将近200行代码。为了方便说明，在上述示例代码实际执行的路径上，截留出关键的代码段，如下所示：

```
// 代码 1-5
function ClientRequest(options, cb) {
  var self = this;
  OutgoingMessage.call(self);
  var agent = options.agent;
  var defaultAgent = options._defaultAgent || Agent.globalAgent;
  self.agent = defaultAgent;
 if (self.agent) {
   if (!self.agent.keepAlive && !Number.isFinite(self.agent.maxSockets)) {
     self._last = true;
     self.shouldKeepAlive = false;
    } else {
      self._last = false;
      self.shouldKeepAlive = true;
    }
    self.agent.addRequest(self, options);
  }
  self._deferToConnect(null, null, function() {
    self._flush();
    self = null;
  });
}
```

代码1-5获取了一个全局的 Agent 对象，这个全局的对象维护了一个 socket 连接池。addRequest()方法先寻找是否有备用的连接，如果有，则直接获取一个与被连服务器保持 TCP 连接的 socket 对象，否则调用 createSocket()方法，创建一个新的socket对象。大致过程如下所示：

```
// 代码 1-6
Agent.prototype.addRequest = function(req, options) {
  var freeLen = this.freeSockets[name] ? this.freeSockets[name].length : 0;
  var sockLen = freeLen + this.sockets[name].length;
  if (sockLen < this.maxSockets) {
    var newSocket = this.createSocket(req, options);
    req.onSocket(newSocket);
  } else {
    debug('wait for socket');
    //We are over limit so we'll add it to the queue.
    if (!this.requests[name]) {
      this.requests[name] = [];
    }
    this.requests[name].push(req);
  }
};
```

我们看到，createSocket()方法返回一个新创建的socket对象newSocket，然后以这个对象为参数，立即调用 req 对象的 onSocket()方法。req就是构造函数 ClientRequest()正在构造的对象，onSocket()方法只有一行代码：

```
process.nextTick(onSocketNT, this, socket);
```

这意味着在下一轮循环才执行 onSocketNT()函数，这个函数的执行会触发socket事件。因为在调用_deferToConnect()函数的过程中，req对象监听了此事件，而监听这个事件的意义在于，在执行此事件的回调函数时，让newSocket对象监听connect事件。

这里的重头戏在createSocket()函数的调用上，这个函数实际上调用了net.js中定义的构造函数createConnection()，这个函数的定义如下所示：

```
// 代码 1-7
exports.connect = exports.createConnection = function() {
  const argsLen = arguments.length;
  var args = new Array(argsLen);
  for (var i = 0; i < argsLen; i++)
    args[i] = arguments[i];
  args = normalizeConnectArgs(args);
  var s = new Socket(args[0]);
  return Socket.prototype.connect.apply(s, args);
};
```

代码1-7中的倒数第二行创建了 newSocket 对象，此对象代表此次HTTP请求的socket连接，记录着连接的各种状态信息，例如是否可写、可读，并负责监听与 socket 状态相关的事件。最后一行明确以这个对象为上下文，调用 connect()方法。这个方法的大致流程如下所示：

```
// 代码 1-8
Socket.prototype.connect = function(options, cb) {
    if (!this._handle) {
        this._handle = pipe ? createPipe() : createTCP();
        initSocketHandle(this);
```

```
    }
    var dns = require('dns');
    dns.lookup(host, dnsopts, function(err, ip, addressType) {
      if (err) {
      } else {
        self._unrefTimer();
        connect(self,
                ip,
                port,
                addressType,
                localAddress,
                localPort);
      }
    });
  return self;
};
```

上面只写出了主要的执行流程，关键的步骤是调用createTCP()函数，构造了一个 TCP 对象，然后调用dns模块的lookup()方法进行DNS解析。createTCP()函数的定义如下所示：

```
// 代码 1-9
function createTCP() {
  var TCP = process.binding('tcp_wrap').TCP;
  return new TCP();
}
```

可见，TCP 对象的构造函数是在 tcp_wrap 模块中定义的，对应于函数 TCPWrap::New()，源码位于 tcp_wrap.cc 中。这个由 C++ 为 JavaScript 编写的构造函数附带了诸多的原型方法，JavaScript 层面的对象能够直接调用这些原型函数。因此，借由这些 C++ 版本的方法，JavaScript 拥有了异步读写操作系统层面 socket 描述符的能力。这些原型函数大体分两类，一类维护 socket 描述符状态，例如 connect、listen、bind等。还有一类是读写 socket，包括 writev、readStart 等。创建了 TCP 对象之后，接下来调用dns模块的 lookup()方法，执行此函数会立即返回。于是本轮调用栈依次退出，req 对象的构造过程结束。

http.request 调用返回之后，紧接着调用了req的end()方法。调用此方法意味着客户端要发送的数据已经全部写完。事实上，数据仅仅是被缓存，因为连接还没建立。例子中请求类型是GET，因此这里的数据仅仅是HTTP的请求头信息。随后我们将看到，客户端真正向服务器发送数据的时机是在socket连接完毕执行回调函数的时候。

回到代码1-8，在DNS解析完毕之后，逻辑继续往下走，调用了 net.js 内部的 connect() 函数。此时一切就绪，开始用端口号和解析得到的IP地址发起 socket 连接请求。

```
// 代码 1-10
function connect(self, address, port, addressType, localAddress, localPort) {
    //...
    const req = new TCPConnectWrap();
    req.oncomplete = afterConnect;
    req.address = address;
    req.port = port;
    req.localAddress = localAddress;
    req.localPort = localPort;
    if (addressType === 4)
        err = self._handle.connect(req, address, port);
}
```

self._handle是之前创建的TCP对象，在JavaScript 层面调用connect()方法，会直接引起

C++ 层面的 TCPWrap::Connect 方法的调用。到达这个函数之后，再继续往下执行，则涉及调用操作系统的 API 建立连接。这里以 Linux操作系统为例，Node使用Epoll处理异步事件。下面简要描述进入TCPWrap::Connect ()函数之后的过程。大致分为四步。

（1）创建一个非阻塞的 socket；

（2）调用系统函数 connect()；

（3）调用 uv_epoll_ctl()将创建的非阻塞 socket与一个已存在的Epoll的句柄关联起来；

（4）调用 uv_epoll_wait()函数，收集就绪的描述符，然后执行相应的回调函数。

前两步体现在tcp.c的uv_tcp_connect()函数中。第（3）步和第（4）步稍微复杂一些，调用完函数uv_tcp_connect()之后，其实并未关联Epoll句柄。第（3）步和第（4）步的操作在后一个线程循环中进行。具体代码在linux-core.cc的uv_io_poll()函数中。

继续看代码1-10，传给connect()函数的第一个参数是TCPConnectWrap构造函数创建的 req 对象，此对象代表这次 TCP 连接阶段。当连接过程结束，此对象的生命期也终结。这个对象的构造函数也是在 C++ 文件中定义的。这是因为此类对象未来要在 C++ 层面访问，其一些需要的特性需要在构造的时候配置，这就需要借助 C++ 层面的构造函数实现。之后为这个 req 对象增加了一个 oncomplete 属性，其值是一个名为 afterConnect()的函数。传给 connect()方法的参数中没有回调函数，连接过程结束，JavaScript 的代码是如何得到通知的呢？在上述第（4）步中，回调函数的调用栈最终会到达 TCPWrap::AfterConnect()，这个函数中执行了下面的语句：

```
req_wrap->MakeCallback(env->oncomplete_string(), arraysize(argv),
argv);
```

env->oncomplete_string()代表的字符串是 oncomplete ，这个调用实际上从 C++ 层面调用了 req 对象的 afterConnect()方法(此处req是构造函数TCPConnectWrap创建的对象)。因此afterConnect相当于回调函数，该函数内部触发connect事件。之前提到socket 对象监听了connect事件，因此一旦连接成功，此事件的回调函数被调用。在该函数中，调用了_flush方法，客户端开始向服务器发送数据。至此为止，连接阶段结束。

从对连接阶段的分析知，Node 实现异步流程的基本方式是从 JavaScript 代码发起请求，借助 V8 的编程接口，进入 C++ 代码，使用操作系统提供的异步编程机制，例如 Linux 下的 Epoll，向操作系统发起异步调用，然后立即返回。主线的消息循环会调用 uv_io_poll()函数，此函数的主要任务就是不断收集已经处于就绪状态的描述符，顺序调用相应的回调函数，执行回调函数会从 C++ 回到上层 JavaScript 层面，最终调用相应的 JavaScript 版本的回调函数。这样一圈下来，逻辑闭合。

2. 请求与应答阶段

前面比较详细地介绍了 TCP 的连接过程。Node 读写 socket 也是异步方式，流程与上述类似。上面的讨论中提到 afterConnect()方法会触发connect事件，此事件代表连接过程完成，客户可以向 socket 写数据了。socket 对象创建之后，同时还监听了data事件，其回调函数是 socketOnData()，此方法在 _http.client.js 中定义。服务器发送过来的任何数据，都会触发这个函数执行。传输层不考虑数据格式，对数据格式的解析应该在获取数据之后开始。我们看到 socketOnData 中调用了HTTP协议解析器，边接收数据边解析，如下所示：

```
// 代码 1-11
function socketOnData(d) {
  var socket = this;
  var req = this._httpMessage;
  var parser = this.parser;
  var ret = parser.execute(d);
  //...
```

parser 是一个由 C++ 层面的构造函数创建的对象，相关源码在 node_http_parser.cc 中。解析的工作由 C++ 的代码完成，parser 对象的 execute()方法对应于 C++ 的 Parser::Execut()函数。一旦服务器的HTTP头解析完毕，会触发 parserOnIncomingClient 函数的执行，此函数也定义在 _http.client.js，这个函数会触发response事件。代码1-11在调用 http.request()函数返回后，监听了此事件。在事件函数中，传入的 res 对象又监听了data和

end事件，后续便可获取数据和得到数据发送完毕的通知。

3. 结束阶段

如果HTTP请求头包含 Connection:keep-alive（默认自动添加），那么当客户端收到服务器端的所有应答数据之后，与服务器的 socket 连接仍然保持。此 socket 对象将会缓存在全局 Agent 对象的 freeSockets 中，下次请求相同的地址时，直接取用，节省 DNS 解析和连接服务器的时间。

1.2.2 本地磁盘I/O——多线程模拟

在1.2.1节HTTP请求的例子中，我们看到 Node 的异步调用，其背后的机制是 Linux 的 Epoll。在 Windows 下，则是采用完成端口（IOCP）。这两种方式的共同点是没有启用任何其他的线程。首先，Node 的 C++ 代码在执行异步请求时没有创建线程，也没有占用线程池的资源；其次，使用 Epoll 或 IOCP，没有隐式地引起更多线程的创建，也不存在线程被阻塞等待 I/O 完成的情况，我们可以称上述过程完全异步。对于网络 I/O是这样，但对于本地的磁盘 I/O，Node 使用了不同的策略。与远程调用相比，本地磁盘 I/O 具有不同的特点：

（1）本地磁盘读写要比网络请求快得多；

（2）磁盘文件按块儿访问，操作系统的缓存机制使得顺序读写文件的效率极高；

（3）相对于同步的读写，完全异步的处理流程复杂得多。

关于上述第（3）点，读者若仔细看了第一个示例代码1-4中列举的 TCP 连接过程，应该会同意。但也许真正值得考虑的是第（1）和第（2）点。Node 在非主线程中执行同步代码，用多线程的方式模拟出异步的效果，基于上述前两点考虑，比起完全异步的方案，效率应该不会低多少。除本地磁盘操作，第一个示例提到的异步解析 DNS也是如此。本书第9章将介绍使用线程对象输入日志的方案，同样也是基于上述考虑。

Linux 下 Node 在启动时，会维护一个线程池，Node 使用这个线程池的线程，同步地读写文件；而在 Windows 下，则是利用 IOCP 的通知机制，把同步代码交给由操作系统管理的线程池运行。

读者可能会困惑为什么在 Windows 下，主线程的异步调用都使用了 IOCP 的通知机制，怎么区分完全异步和模拟出的异步？因为读写本地文件时，是以同步的方式调用 ReadFile 或者 WriteFile 这类 API，线程会等待，直到 I/O 过程结束，才会执行下面的语句。虽然这个过程没有使用 Node 自身的线程池，但一样会消耗操作系统线程池的资源。而对于 socket I/O，主线程调用完这类函数会立即返回，不存在线程因为等待 I/O 而无法处理其他任务的情况。本章参考资料（5）包含一份代码，提供了一个使用 IOCP 但用完全异步（将文件句柄与 IOCP 句柄关联，以 OVERLAPPED 方式调用 ReadFile）的方式读取文件内容的一个例子。

1.3 事件驱动

根据上面的讨论，读者应该对事件驱动这个概念有了更切实的体会。我们平常在电脑上使用的应用程序、鼠标或者键盘事件驱动着程序状态的改变。对 Node 来讲，以1.2.1节讨论的 http 请求为例，JavaScript 代码中出现的 connect、data、end、close 等事件，驱动着程序的执行。从真实的编程角度看，所谓的事件就是向操作系统发起异步调用之后，在以后某个时刻，所期待的结果发生了，这便是一个事件。

Node 内部函数 uv_epoll_wait 收集所有就绪的事件，然后依次调用回调函数。如果上层监听了相应事件，则依次调用对应的事件函数。例如发起一个 socket 连接请求，当连接成功后，从 C++ 进入到 JavaScript 层面后，会触发 connect 事件，其事件函数被依次调用。因为 JavaScript 的闭包机制，调用之前的上下文依然保留，程序可以接着向下执行已经连接之后的逻辑。

在1.1节，我们讨论了异步编程的诸多好处，主要体现在节约 CPU 资源，不阻塞，快速，高响应。但还有一点没有谈到，就是异步的编码范式几乎用不到锁，这在 C++ 层面尤其体现出它的优势。我们惊奇地发现，不仅所有 JavaScript 代码均运行于主线程，对于完全异步的情况，C++ 代码也不需要使用锁。因为所有代码也运行在主线程，对象内部状态都在一个线程中维护。

本章讨论了一些基础的概念，并在源码的基础上，以实例对 Node 的运行机制进行了一个较完整的展示。现在我们已经对 Node 有了相当的理解，也折服于其事件驱动带来的高效能。在接下来几章将探讨更多的内容，以更好地使用这门技术，在以后的工程实践中，做到游刃有余。

参考资料

（1）https://github.com/nodejs/node

（2）http://docs.libuv.org/en/v1.x/index.html

（3）https://nodejs.org/dist/latest-v4.x/docs/api/

（4）http://blog.csdn.net/xiajun07061225/article/details/9250579

（5）https://github.com/x2jia/async-read

第2章 搭建自己的开发环境

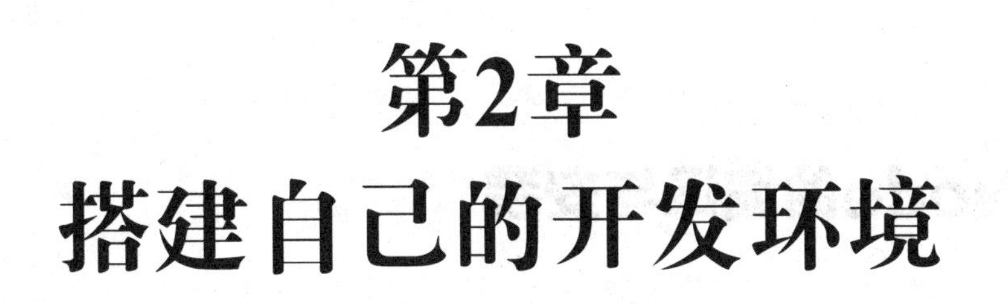

本章的内容包括 Node 的编译和安装，IDE 开发环境，代码调试，编写单元测试等内容。编译与安装以及对 IDE 的介绍，适合从零开始学习的读者，而对于已经能非常顺手地搭建开发调试环境的读者，可酌情跳过。在 IDE 开发环境和代码调试的部分，本书选取 Visual Studio Code 介绍。最后一节将介绍测试框架 Mocha 的使用。

2.1 Node的编译与安装

下面以 Linux 平台为例，介绍如何编译安装。Node 的编译环境要求如下。

- gcc/g++ 的版本不能低于 4.8；
- Python 2.6 或者 2.7；
- GNU Make 的版本不低于 3.81。

可以分别运行如下指令检查是否满足。

- gcc -v；
- g++ -v；
- python -V；
- make –v。

读者可以从 Node 官网下载源码包，下载完毕并解压之后，进入源码包的文件夹node-< version > 按顺序分别运行如下命令。

- ./configure --prefix=/usr/local/Node-< version >；
- make；
- make install。

这里需要注意的是，执行上述命令时，应该在 root 权限下。Node 的编译过程比较耗时，等待结束之后，进入 /usr/local 目录可以看到文件夹node-< version >。然后进入 /usr/local/node-< version >/bin，可以看到编译好的可执行文件 Node。进入 /usr/bin 目录，为

node和npm建立软链接，使之在任何目录下均可运行。

读者也不必非得亲自编译，只需去官网找到对应操作系统的二进制版本下载，解压到/usr/local 中，然后建立软链接即可。

使用 Node 开发程序，经常下载使用第三方模块。有些模块包含 C++ 代码，使用npm命令安装的时候会编译这些C++文件。此时如果操作系统的 GCC 版本过低，则编译 C++ 模块会出错。而编译高版本的 GCC 非常耗时，并且步骤烦琐，这种情况下，建议读者使用容器运行 Node 程序。下一章将介绍相关内容。

2.2 开发与调试

“工欲善其事，必先利其器”，一款好的 IDE 可以极大地提高我们的工作效率。Visual Studio Code 是微软推出的一个跨平台的 Web 开发环境。其编辑功能支持代码补全、自动语法检查、括号匹配、语法高亮等。它还支持插件扩展，并且完全免费。VS Code 也是一个非常优秀的调试环境，在图形界面下支持鼠标下断点、单步执行、展示变量信息和堆栈信息。在实际的开发工作中，我们可以在本地编辑调试代码，使用 Git 提交之后，在服务器端 pull 代码重启或运行。如果工程根目录下有 .git 目录，则可以借由它的界面执行 git add -A、git commit、git push 等命令。

在 Visual Studio Code 官网上下载对应平台的最新版本，安装完成之后启动程序，可以看到它的界面，如图2-1所示。

双击打开文件夹，选择一个项目的根目录，假设目录中包含一个 test/test.js 的文件，我们看一下如何使用 VS Code 调试此文件。

VS 系列的开发环境中，F5 代表调试运行。当按下F5键，第一次会弹出如图2-2所示的菜单。

图 2-1 Visual Studio Code界面

选择环境
Node.js
VSCode 扩展开发
Python
.NET Core

图2-2 打开的菜单

双击 Node.js，这样会在工程根目录下生成 .vscode目录，并在其中创建了一个名为 launch.json 的文件。我们可以在 VS Code 中查看这个 JSON 文件。当鼠标移动到这个文件的键名上时，会出现对键名含义的说明。configurations 是一个配置列表，初始的内容如下：

```
// 代码 2-1
[
        {
```

```
        "name": "启动",
        "type": "Node",
        "request": "launch",
        "program": "${workspaceRoot}/app.js",
        "stopOnEntry": false,
        "args": [],
        "cwd": "${workspaceRoot}",
        "preLaunchTask": null,
        "runtimeExecutable": null,
        "runtimeArgs": [
            "--nolazy"
        ],
        "env": {
            "NODE_ENV": "development"
        },
        "externalConsole": false,
        "sourceMaps": false,
        "outDir": null
    },
    {
        "name": "附加",
        "type": "Node",
        "request": "attach",
        "port": 5858,
        "address": "localhost",
        "restart": false,
```

```
            "sourceMaps": false,
            "outDir": null,
            "localRoot": "${workspaceRoot}",
            "remoteRoot": null
        },
        {
            "name": "Attach to Process",
            "type": "Node",
            "request": "attach",
            "processId": "${command.PickProcess}",
            "port": 5858,
            "sourceMaps": false,
            "outDir": null
        }
    ]
```

每一项的 name 代表一种调试方式的配置名。此名称对应于调试面板左上方的下拉列表。下面以不同的方式调试一个示例程序，然后再来比较这三种方式的异同。先将 program 这个键的值修改为${workspaceRoot}/test/test.js。

这个键指明了入口文件相对于工程目录的位置。修改完之后，按 F5 以调试方式运行。程序在断点处停下来，如图2-3所示。

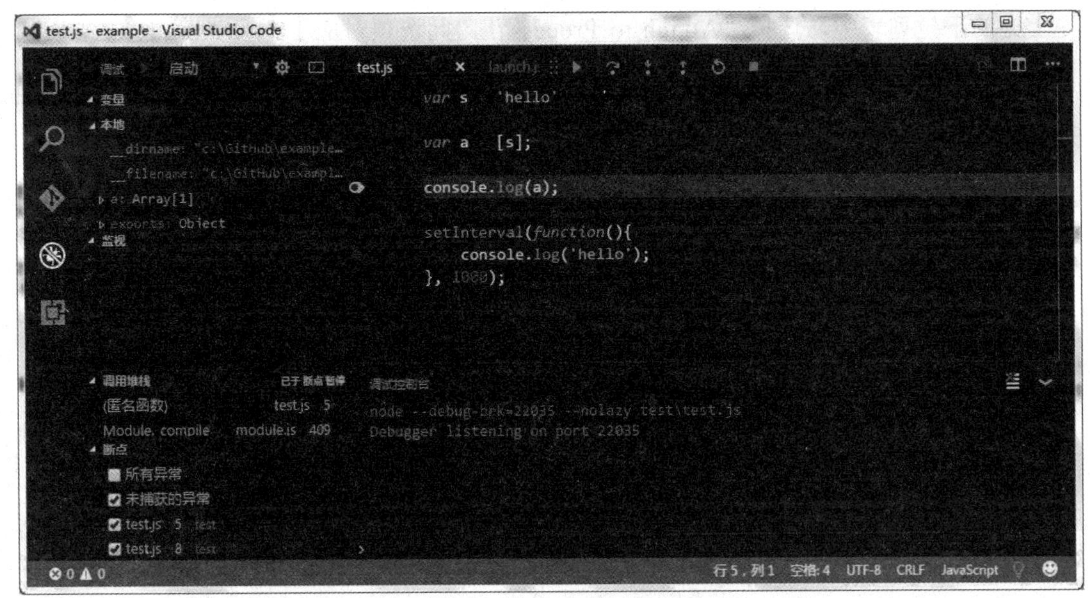

图2-3　程序在断点处停下来

按F10键单步执行，F5键让程序运行，直到遇到下一个断点。在右下方的“调试控制台”窗口，看到如下信息：

```
node --debug-brk=22035 --nolazy test\test.js
```

这个字符串是启动调试服务端的命令行。--debug-brk 表示启动调试服务端后，在客户端连接之前，不执行脚本。此时，如果 stopOnEntry 为 true，则客户端连接成功之后，仍然不执行脚本，否则开始运行，直到遇到断点。22035 代表客户端连接的端口号，随机分配。Node 程序的调试过程符合客户端—服务器模型，两者使用 TCP 通信，因此也支持远程调试。--nolazy 这个选项指定 V8 采取非延迟编译的方式生成可执行的机器码。

接下来按一次F5键，让程序运行起来，之后程序在第8行处断下来。可以查看断点处的变量值、堆栈信息。程序中调用 console 打印出的信息在 VS Code 的控制台窗口显示。在 VS 系列的开发环境中，退出调试的快捷键是 Shift+F5。

以上演示了以启动方式调试程序的过程。按快捷键 Shift+F5 退出调试后，在调试面板左上方的下拉列表中，选择“Attach to Process”，此选项对应于 configurations 列表的第3项。我们进入工程目录的 test 文件夹，运行 node test.js。这段代码运行之后，打印出如下的字符串：

```
['hello']
hello
```

之后每隔1秒钟，打印出一个 hello。打开任务管理器，查看这个 Node 进程的信息，如图2-4所示。

图 2-4 Node进程信息

其 PID 为 9060。我们将列表中第3项的“processed”的值改为 9060，保存文件后，按下F5键。在系统控制台窗口，立即打印出如下信息：

```
Starting debugger agent.
Debugger listening on port 5858
```

程序断下来之后，按一次F5键，以后每次运行到

```
console.log('hello');
```

语句时，程序会在断点处停下来。

launch.json 文件中的 configurations 键包含的三种调试方式各有各的适用场景。以第一种方式调试程序，VS Code 自动启动一个调试服务端，运行我们指定的入口文件。此种方式适合开发过程中，想要跟踪代码的运行，或查看运行时的变量值的情况，以确定程序执行是否符合预期。第二种方式主要用于远程调试，需要远程调试服务端事先运行起来。例如运行

```
node --debug[=port] yourfile.js
```

然后为本地的客户端指定 port 和 address 参数连接远程的调试服务进程。但第二种方式只能在Node 5.0及以上版本中使用，对于低于 5.0 的版本，address 参数应该使用默认值 localhost。如果一定要远程调试，就需要在服务端运行一个 TCP 代理，用于转发客户端的调试指令和返回信息。第三种是附加到进程的方式，这个方式的特点是起初 Node 程序并非以调试方式运行。因此这个方式适合在程序运行一段时间遇到问题时，开发者可以用断点在某些地方让程序暂停，以便查看内部状态，定位问题。退出调试之后，程序还可继续执行。

2.3 单元测试

错误不可避免，但发现得越早，带来的风险和成本就越低。我们应该尽可能早地考虑如何检验模块运行是否良好，是否符合预期。在整个开发周期中，写与测应当交替进行。如果说写是在往前冲，那测就是停下来安静一会儿。Node 中每一个文件皆是模块，可酌情选取，编写对应的测试文件。下面介绍Mocha这个测试框架，它将测试变成了一个有趣的过程。

2.3.1 Mocha 测试框架

Mocha 是一个用于前端和 Node的JavaScript测试框架。它集合了丰富的特性，让异步测试变得简单有趣。Mocha 依次串行执行我们编写的每一个测试用例，在将未捕获异常与相关的用例对应起来的同时，生成灵活准确的测试报告。Mocha 支持 TDD 和 BDD 两种测试风格。

TDD (Test-Driven Development) 即测试驱动开发，测试驱动开发的流程如下。

（1）编写测试代码；

（2）运行测试文件，跑一遍其中的测试用例。此时无一例外会全部失败，因为要测试的对象还没有；

（3）实现被测对象；

（4）重新运行测试文件，修改问题，最后全部通过。

TDD 是一种编程技术，它引导程序员思考自己的代码是如何被其他代码所使用的。首先要写一个测试来描述如何使用下一块代码，然后实现这块代码，并保证它通过测试。TDD 的表述方式类似于说明书，旨在阐明你希望代码如何表现。

BDD (Behavior-Driven Development) 即行为驱动开发。在TDD中，根据设计所编写的测试即便完全通过，也不能保证就是用户想要的功能。BDD 的作用是把利益关系人、交付团队等不同方面的项目相关人员集中到一起，形成共同的理解、共同的价值观以及共同的期望值，它要求开发者在整个项目的层面上思考问题。BDD 关注整体行为是否符合预期，更接近人的思考方式，其表述方式更接近自然语言。

运行

```
npm install mocha -g
```

将 Mocha 安装为全局模块，运行

```
mocha -help
```

显示出帮助内容。

在项目的根目录新建一个 test 文件夹，在其中新建一个 js 文件，内容如下：

```
// 代码 2-2
var assert = require('assert');
describe('Array', function() {
  describe('#indexOf()', function() {
    it('should return -1 when the value is not present', function() {
      assert.equal(-1, [1,2,3].indexOf(4));
    });
  });
});
```

回到根目录下，运行 Mocha，控制台显示如下：

```
Array
  #indexOf()
    √ should return -1 when the value is not present
1 passing (10ms)
```

上述测试文件第一行引用了 assert 模块，此模块是 Node 的原生模块，实现了断言的功能。断言是程序中的一种语句，其作用是声明预期的结果必须满足。如果运行时不成立，则抛异常。用程序语句表达如下：

```
// 代码 2-3
if(测试条件满足)
  ;
else
  throw new Error("AssertionError");
```

assert 模块定义了一系列的方法，以下的例子列举了这些方法的使用。

```
// 代码 2-4
var assert = require('assert');
var testarr1 = [1,2,'3'];
var testarr2 = [1,2,3];
var testarr3 = [1,2,4]
assert.ok([]);                                        //断言为真
assert.equal(1, '1');                                 //断言相等
assert.notEqual(1, 2);                                //断言不相等
assert.strictEqual(1, 1);                             //断言严格相等
assert.notStrictEqual(1, '1');                        //断言不严格相等
assert.deepEqual(testarr1, testarr2);                 //断言深度相等
assert.notDeepEqual(testarr1, testarr3);              //断言深度不相等
assert.throws(function(err){
    throw new Error('throw error intentionally')
});                                                   //断言代码块抛出异常
assert.doesNotThrow(function(err){ });                //断言代码块不抛异常
assert.ifError(false);  //断言值为假——false, null, undefined, 0, '', NaN
```

除了内建的断言模块，Mocha 测试用例中还可以使用第三方的断言库，例如 should.js。关于此模块的使用，感兴趣的读者可参考 https://github.com/shouldjs/should.js。

2.3.2 TDD 风格

在TDD 风格下，可用的接口包括 suite()、test()、suiteSetup()、suiteTeardown()、setup()和 teardown()函数，用例写法如下：

```
// 代码 2-5
var assert = require('assert');
suite('Array', function() {
  setup(function(done) {
  setTimeout(function(){
    done();
  }, 1000)
  });
  suite('#indexOf()', function() {
    test('should return -1 when not present', function() {
      assert.equal(-1, [1,2,3].indexOf(4));
    });
  });
});
```

TDD 使用 suite 和 test 组织测试用例，suite 可以多级嵌套。setup 在进入 suite 之后触发执行，执行完全部用例后，teardown 被触发执行。使用 Mocha 测试异步代码，只需要在用例函数里面加一个参数 done，异步过程执行完毕之后，调用 done()，通知 Mocha 继续执行下一个测试用例。读者需要知道，异步过程的超时时间默认为2秒，超过2秒就代表执行失败了。也可以修改这个时间，例如：

```
// 代码 2-6
setup(function(done) {
  this.timeout(3000)
  setTimeout(function(){
    done();
  }, 2100)
```

```
});
```

Mocha 默认识别 BDD 风格的测试代码，因此需要添加 --ui tdd 参数运行上面的例子。

2.3.3 BDD 风格

BDD 的接口有 describe()、it()。同时支持4个钩子函数 before()、after()、beforeEach() 和 afterEach()。

describe()和 it()还有别名，分别是 context()和 specify()。before()和after()分别在进入和退出describe()的时候被触发。beforeEach()和afterEach()在执行每一个测试用例的前后被触发。

下面是 BDD 风格的例子。

```
// 代码 2-7
var assert = require('assert');
var fs = require('fs');
describe('Array', function() {
  describe('#indexOf()', function() {
    it('should return -1 when the value is not present', function() {
      assert.equal([1,2,3].indexOf(5), -1);
      assert.notEqual([1,2,3].indexOf(1), -1);
    });
  });
});
describe('fs', function(){
  describe('#readdir()', function(){
    it('should not return error', function(done){
```

```
      fs.readdir(__dirname, function(err){
        assert.ifError(err);
        done();
      })
    })
  })
})
```

可见，仅从用法上，BDD与TDD非常一致。

Mocha 会自动读取 test 目录中文件名为 mocha.opts 的内容，这个文件的每一行代表一个配置，例如下例：

```
--require should
--reporter dot
--ui tdd
```

上面的配置就会让 Mocha 引入 should 模块，报告样式设置为 dot，并且使用 tdd 的测试接口。运行 mocha 命令的时候，指定的配置参数与这个配置文件中的配置若有冲突，以命令中的为准。

2.3.4　生成不同形式的测试报告

--reporter 设置项指定了测试报告的样式，默认为 spec ，代表一个嵌套的分级视图。Mocha 提供了一些其他有趣或有用的视图。例如，运行如下命令：

```
mocha --reporter landing --ui tdd test.js
```

看到的是一个起跑的飞机。

```
--------------------------------------------------------
.....................................................✈
--------------------------------------------------------
1 passing (1s)
```

还可以把测试报告导入到文件，例如以 markdown 格式保存。

```
mocha --reporter markdown --ui tdd test.js > test.md
```

2.3.5 代码覆盖率工具Istanbul

Istanbul（伊斯坦布尔）是土耳其名城，土耳其盛产地毯，地毯用于覆盖，这个工具名称由来于此。其实地毯（blanket）是另外一个类似工具的名字。Istanbul 由雅虎出品，它容易使用，能够生成漂亮的HTML报告，结果直观，查看方便。值得一提的是，它也支持浏览器端的测试。

root权限下，运行如下指令进行安装：

```
npm install -g istanbul
```

安装成功后，运行 istanbul help 可查看它的帮助信息。下面举例说明它的使用方法。首先在根目录的 lib 文件夹内，新建一个 sqrt.js，输入以下代码：

```
// 代码 2-8
module.exports.sqrt = function(x) {
  if(x >= 0)
    return Math.sqrt(x);
  else throw new Error('x < 0');
}
```

```
function check(x) {
    return x < 0 ? false : true;
}
```

然后进入根目录下的 test 目录，新建一个 sqrt_test.js 文件，测试用例如下：

```
// 代码 2-9
'use strict';
let assert = require('assert');
let sqrt = require('./../lib/sqrt').sqrt;
describe('#sqrt()', function (){
    it('sqrt(4) should equal 2', function () {
        assert.equal(sqrt(4), 2);
    });
    it('#sqrt(-1) should throw an Error', function () {
        assert.throws(function(){
            sqrt(-1);
        });
    });
});
```

最后，在工程根目录下，再新建一个名为 .istanbul.yml 的文件，这个文件的内容是 Istanbul 的配置项。例如 excludes: ['sitelists/*'] 表示将忽略 sitelists 目录的内容。

```
// 代码 2-10
verbose: false
instrumentation:
    root: .
```

```
    default-excludes: true
    excludes: []
    include-all-sources: true
reporting:
    print: summary
    reports:
        - lcov
    dir: ./coverage
```

之后运行如下命令：

```
istanbul cover _mocha test/sqrt_test.js
```

运行时如果报错，建立 _mocha 的软链接即可。_mocha 代表在相同进程（即 Istanbul 所在的进程）运行测试用例。Istanbul 会在 coverage/lcov-report 目录下生成HTML格式的报告，如图2-5所示。

all files / lib/ sqrt.js

83.33% Statements 5/6 **50%** Branches 2/4 **50%** Functions 1/2 **83.33%** Lines 5/6

```
1 1×  module.exports.sqrt = function(x) {
2 2×    if(x >= 0)
3 1×      return Math.sqrt(x);
4 1×    else throw new Error('x < 0');
5     }
6
7 1×  function check(x) {
8       return x < 0 ? false : true;
9     }
```

图2-5 生成的报告

因为没有调用 check 函数，因此函数的覆盖率是 50%。此外，它的统计结果还包含行覆盖率、语句覆盖率和分支覆盖率。

Istanbul 提供了 Hook 机制，能够在运行阶段向源文件注入代码。这使得用户能够测试文件内部的非导出函数，例如下面的例子：

```
// 代码 2-11
var assert = require('assert');
var istanbul = require('istanbul');
var hook = istanbul.hook,
     sqrtMatcher = function (file) { return file.match(/sqrt/); },
     sqrtTransformer = function (code, file) { return code +
         '\n module.exports.check = function(x) { return check(x); }'; };
 hook.hookRequire(sqrtMatcher, sqrtTransformer);
var sqrt = require('./../lib/sqrt.js').sqrt;
var check = require('./../lib/sqrt.js').check;
suite('#sqrt()', function (){
    test('sqrt(4) should equal 2', function () {
        assert.equal(sqrt(4), 2);
    });
    test('#sqrt(-1) should throw an Error', function () {
        assert.throws(function(){
            sqrt(-1);
        });
    });
});
//测试非导出函数check
```

```
suite('#check()', function(){
  test('should be false when < 0', function(){
      assert.ifError(check(-1));
  });
});
```

Istanbul模块Hook住了 require 函数。如果引用的模块名称包含 sqrt ，则向读出的源文件加一行字符串，这行字符串的作用是将内部的 check 函数导出。 将上述代码保存为 sqrt_test.js文件，执行如下命令：

```
istanbul cover _mocha -- --ui tdd test/sqrt_test.js
```

随后在控制台显示出的信息中，结果如下：

```
#sqrt()
√ sqrt(4) should equal 2
√ #sqrt(-1) should throw an Error
#check()
√ should be false when < 0
3 passing (11ms)
```

参考资料

（1）https://code.visualstudio.com/docs

（2）http://mochajs.org/

（3）http://www.infoq.com/cn/articles/virtual-panel-tdd-bdd

（4）http://www.ibm.com/developerworks/cn/java/j-cq09187/

（5）https://github.com/shouldjs/should.js

（6）https://github.com/mochajs/mocha/wiki

（7）https://github.com/gotwarlost/istanbul

（8）https://gotwarlost.github.io/istanbul/public/apidocs/index.html

（9）https://github.com/guyellis/http-status-check

第3章 使用Docker部署Node服务

Docker 是一个开源的容器引擎。开发者可以将自己的应用以及依赖打包为一个可移植的容器，然后发布到 Linux 机器上。它类似于一个轻量级的虚拟机，极大地方便了用户在服务端部署和管理应用环境。

3.1 Docker基础

配置 Node 的运行环境，有时候需要编译 Node 的 C++ 模块。Node的编译环境要求 GCC/g++ 4.8 或以上的版本。在一些较低版本的 Linux 服务器上，编译安装GCC是一件非常耗时的事情。使用 Docker 可以省去这些麻烦，快速部署应用。可以使用 docker pull 命令下载一个支持Node运行和编译的 Linux 镜像，基于此镜像制作一个包含 Node 程序运行环境的新镜像，以后就可以直接使用这个镜像部署 Node 服务。

如果还没有安装Docker，需要先安装。例如在 Linux 下使用 root 登录后，运行

```
wget -qO- https://get.docker.com/ | sh
```

命令完成安装。安装完毕之后可以运行 docker version 查看版本，结果如下：

```
Client:
 Version:      1.11.2
 API version:  1.23
 Go version:   go1.5.4
 Built:        Wed Jun  1 21:47:50 2016
 OS/Arch:      linux/amd64
Server:
 Version:      1.11.2
```

```
API version:  1.23
Go version:   go1.5.4
Built:        Wed Jun  1 21:47:50 2016
OS/Arch:      linux/amd64
```

Docker 使用客户端/服务器 (C/S) 模型。其守护进程接收客户端的指令，例如运行、提交、发布等。Docker 客户端和守护进程可以运行在同一个系统内，也可以使用 Docker 客户端去连接一个远程的守护进程，此时客户端和守护进程之间通过 socket 或者 RESTful API 进行通信。默认情况下，Docker 守护进程会生成一个 socket（/var/run/docker.sock）文件来与本地的客户端通信，而不会监听任何端口。可以编辑文件 /etc/default/docker，然后重启服务实现远程通信。

相比于虚拟机，Docker 是一种轻量级的虚拟技术。Docker 相对于裸机，其计算能力几乎没有损耗。它直接利用宿主机的系统内核，启动一个 Docker 容器就像启动一个进程一样轻便。Image、container 和 registery 这些概念都可以对应到Git下。下一节将使用一个已有的镜像构建我们的运行环境。

3.2 在Docker中运行Node

笔者基于一个 Ubuntu 14.04的镜像制作了一个包含 Node 程序运行环境的新镜像。安装好 docker 后，运行如下命令：

```
docker pull banz/ubuntu14.04-ansible-nodev4.4.7
```

该命令非常类似于 git clone，会加载这个镜像到本地。下载完毕后运行

```
docker images
```

命令，查看本地包含的所有镜像：

```
root@ubuntu:~# docker images
REPOSITORY                    TAG      IMAGE ID       CREATED          SIZE
banz/ubuntu14.04-ansible-nodev4.4.7
                             latest   cc27126cb860   46 hours ago    633.2 MB
```

此镜像是基于 Ubuntu14.04-ansible 制作，增加了 Node 二进制程序和几个常用全局模块。然后可以运行镜像：

```
docker run -t -i -v /data:/root -p 8079:3000 banz/ubuntu14.04-
ansible-nodev4.4.7 /bin/bash
```

该指令创建了一个 container，并且把宿主的 /data 目录挂载到 container 的 /root 下。在容器中，可以使用 ping 命令测试一下是否可以联网。如果 ping 不通，可能是由于系统本地转发支持没有打开。容器中运行 exit 命令退出后，可运行 sysctl net.ipv4.ip_forward 查看，如果是 0，则需要手动打开，可以运行如下命令：

```
sysctl -w net.ipv4.ip_forward=1
```

上面的命令同时将宿主的 8079 端口映射为容器的 3000 端口。只要容器内的服务监听 3000 端口，外部对宿主 8079 端口的请求便能访问到容器内部的服务。回到宿主的命令行下运行如下命令：

```
docker ps -a
```

查看新生成的 container，如下所示：

```
CONTAINER ID IMAGE                               COMMAND        CREATED      NAMES
42cb1c8c730d banz/ubuntu14.04-ansible-nodev4.4.7
```

```
                              "/bin/bash"  5 min ago  git_gold
```

以后可以使用

```
docker start -ai git_gold
```

来启动这个 container。git_gold 为容器的 name，此值随机生成。

我们重新启动这个容器，运行如下命令：

```
node -v
node-gyp -v
pm2 -v
gulp -v
```

可以看到相应的版本号。在写作本书时，最新的 Node LTS 版本为 4.4.7。以后我们可以把工程源码放到宿主的 /data 目录下，然后在 container 启动后到 /root下使用。在容器中，切换到 /data目录下，将其中的 book 目录复制到～目录下。然后运行 cd ~/book，这个目录下的 node_modules 里包含了以后章节中需要的一些模块。本书之后的一些用例，建议在这个容器中运行。

3.3 导出配置好的容器

上节讲到可以把宿主的 /data 目录挂载到 container 的 /root 下。源码可以使用 Git 仓库托管，在宿主机器上直接拉取到 /data，这样进入容器后就可以直接访问。进入容器，安装好运行环境需要的程序与模块后，可以将容器保存成一个文件，以后需要在其他机器上部署的时候可直接导入。这种方式使得我们对 Node 程序的运行环境实现一次配置、多处部署。

要将一个容器导出，运行如下命令：

```
docker export < CONTAINER-ID > > ~/export.tar
```

该命令将容器ID为 CONTAINER-ID 的容器导出为 export.tar文件，可以将该文件复制到其他机器。如果这些机器也安装了Docker，则可以通过下面的命令：

```
cat export.tar | docker import - dev/ubuntu:latest
```

将导出的容器导入为镜像，然后运行这个镜像即可。

参考资料

http://udn.yyuap.com/doc/docker_practice/introduction/index.html

第4章
Node模块

模块是 Node 组织应用程序的单元。本章介绍了 Node 加载模块的机制和导出对象的不同方法以及注意事项。

4.1 程序入口

了解 Node 模块的加载过程，有助于从宏观上把握一个 Node 服务器程序是如何组织起来的。首先编辑一个 hello.js 的文件，内容如下：

```
// 代码 4-1
(function (){
  console.log('hello world!')
})()
```

在命令行下执行 node hello.js。Node 在启动的时候，根据第二个参数加载 JavaScript 文件并运行(node 是第一个参数)。Node没有 C++ 或 Java 那样的 main 函数，但 hello.js如 main 函数一样，是服务端程序运行的总入口。

4.2 VM模块

在本节中，编辑两个 JavaScript 文件。第一个文件内容如下：

```
// 代码 4-2
(function(){
   console.log('hello world~')})
```

将此文件保存为 a.js。第二个文件内容如下：

```
// 代码 4-3
const vm = require('vm');
const fs = require('fs');
const path = require('path');
var prt = path.resolve(__dirname, '.', 'a.js');
function stripBOM(content) {
  if (content.charCodeAt(0) === 0xFEFF) {
    content = content.slice(1);
  }
  return content;
}
var wrapper = stripBOM(fs.readFileSync(prt, 'utf8'));
var compiledWrapper = vm.runInThisContext(wrapper, {
  filename: prt,
  lineOffset: 0,
  displayErrors: true
});
compiledWrapper();
```

将此文件保存为 main.js，然后运行这个文件，得到：

```
hello world~
```

可见使用 VM 模块就能直接运行 JavaScript 文件。在使用 require 加载脚本的时候，Node 内部也是如此读取、编译、运行JavaScript文件。

4.3 模块加载与缓存

用 Node 编写程序，一个 JavaScript 文件对应一个模块，在 module.js 文件中，其构造函数定义如下：

```
// 代码 4-4
function Module(id, parent) {
      this.id = id;
      this.exports = {};
      this.parent = parent;
      if (parent && parent.children) {
            parent.children.push(this);
      }
      this.filename = null;
      this.loaded = false;
      this.children = [];
   }
```

Node 加载一个 JavaScript 文件时，会先构造一个 Module 对象：

```
var module = new Module(filename, parent);
```

然后读入 JavaScript 代码并对文件进行头尾包装。之后，JavaScript 文件里面的代码变成这个匿名函数内部的语句。

```
// 代码 4-5
(function (exports, require, module, _filename, _dirname) {
            //原始文件内容
```

```
    });
```

上述形式的代码实际上是一个函数字面量，也就是定义了一个匿名的函数表达式。Node 使用 V8 编译并运行上面的代码，也就是对以上表达式求值，其值是一个函数对象。V8 将结果返回给 Node。

```
var fn = (function(){}) ; //右侧表达式的值是一个函数对象
```

Node 得到返回的函数对象，使用函数对象的 apply 方法，指定上下文，以

```
module.exports
require
module
_filename
_dirname
```

作为参数，执行函数。在这一步，开始执行 JavaScript 文件内部的代码。

```
var args = [this.exports, require, this, filename, dirname];
var result = compiledWrapper.apply(this.exports, args);
```

由源码可知，JavaScript 文件运行的上下文环境是 module.exports，因此在文件中，也可以直接使用 this 导出对象。一个文件一旦加载之后，其对应的模块被缓存。其他文件在 require 的时候，直接取缓存。

```
// 代码 4-6
var cachedModule = Module._cache[filename];
if (cachedModule) {
    return cachedModule.exports;
}
```

4.4 模块分类

Node.js 的模块可以分为3类。

（1）V8 自身支持的对象，例如 Data、Math等，这些是语言标准定义的对象，由 V8 直接提供。

（2）Node 作为 JavaScript 运行时环境，提供了丰富的 API，实现这些 API 的 C++ 函数和 JavaScript 代码，在 Node初始化时被加载，这部分模块为原生模块。对于 JavaScript 代码部分，编译运行完缓存在 NativeModule._cache 中。缓存的代码在 bootstrap_node.js 中。bootstrap_node.js 是 Node 最先执行的一段 JavaScript 代码，文件头部有这样一段注释：

```
//Hello, and welcome to hacking Node.js!
//This file is invoked by Node::LoadEnvironment in src/Node.cc, and is
//responsible for bootstrapping the Node.js core. As special
caution is given
//to the performance of the startup process, many dependencies are invoked
//lazily.
```

这个文件包含如下代码：

```
run(Module.runMain);
```

可见，主模块在这里被加载执行，Module.runMain 在 module.js 中定义如下：

```
// 代码 4-7
Module.runMain = function() {
    Module._load(process.argv[1], null, true);
    process._tickCallback();
};
```

运行到这里，用户的入口文件开始加载。

（3）用户的 JavaScript 文件以及NPM安装的模块，根据上面的讨论，这些脚本文件模块对应 Module 构造出的对象。require 函数由 Module.prototype.require 定义，加载之后模块缓存在 Module._cache。

4.5 正确导出模块

使用 module.exports 或者 exports 都可以将一个文件的函数或对象导出。从构造函数 Module 可以看出，它们指向同一个空对象。因此如下代码完全等效。

```
// 代码 4-8
module.exports.IA = 'ia';
exports.IA2 = 'ia';
exports.IAF = function(){
    console.log('');
}
```

甚至可以直接使用 this 导出：

```
this.IA3 = 'ia';
```

以上代码都不改变 exports 的值，改变的是其指向的对象。但如果对 exports 赋值，如下所示：

```
// 代码 4-9
module.exports = {
```

```
    print:function(){
        console.log('')
    }
}
```

则只能使用 module.exports 导出，如果 exports 前不加 .module，module.exports 指向的对象仍然是 {}。

4.6 小心使用全局变量

把 JavaScript 文件包装成一个匿名函数运行，使得脚本文件内部定义的变量局限于函数内部，只有用 exports导出，外部才可访问。这使得不同文件中，相同的变量名互不干扰。如果定义变量时，前面不加 var，则变量为全局变量。Node 的执行环境存在一个全局的对象 global，它类似于浏览器里面的 window 对象。如果代码按如下方式写：

```
// 代码 4-10
function test(){
    this.xxx = 'xxx';
    yyy = 200;
}
test();
```

就会给 global 增加两个属性。可以运行如下语句：

```
console.log(global);
```

查看这个全局对象包含哪些成员。

第5章
V8引擎

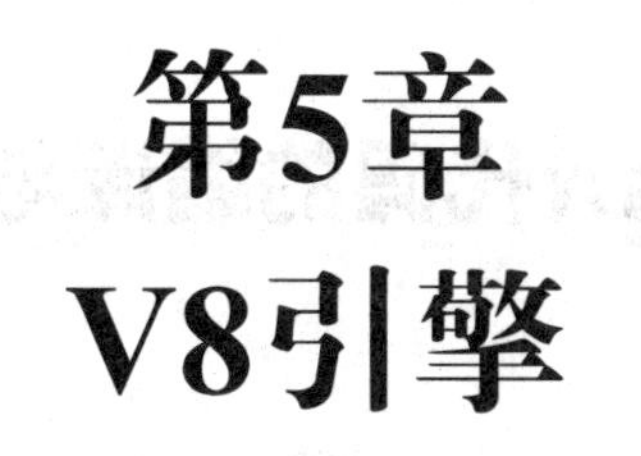

V8引擎是 Node 的心脏，它为 Node 编写可扩展的高性能服务器提供了基本动力。本章将就它的特性和这些特性对代码的影响做一个深入探讨。了解这些，有助于避开误区，提升代码执行效率。

5.1 JavaScript代码的编译与优化

Node可以看作是 JavaScritp 的运行时环境。一方面，它提供了多种可调用的API，如读写文件、网络请求、系统信息等。另一方面，因为 CPU 执行的是机器码，它还负责将 JavaScript 代码解释成机器指令序列执行，这部分工作是由 V8 引擎完成。V8引擎是 Node 的心脏，其诞生之初的目标，就是提高脚本的执行效率，它甚至直接将代码编译为本地机器码，以节省一般脚本语言解释执行的时间。

5.1.1 即时编译

V8 采用即时编译技术(JIT)，直接将 JavaScript 代码编译成本地平台的机器码。宏观上看，其步骤为JavaScript源码→抽象语法树→本地机器码，并且后一个步骤只依赖前一个步骤。这与其他解释器不同，例如 Java 语言需先将源码编译成字节码，然后给 JVM 解释执行，JVM 根据优化策略，运行过程中有选择地将一部分字节码编译成本地机器码。V8 不生成中间代码，其过程如图5-1所示（图中JavaScript简称JS）。

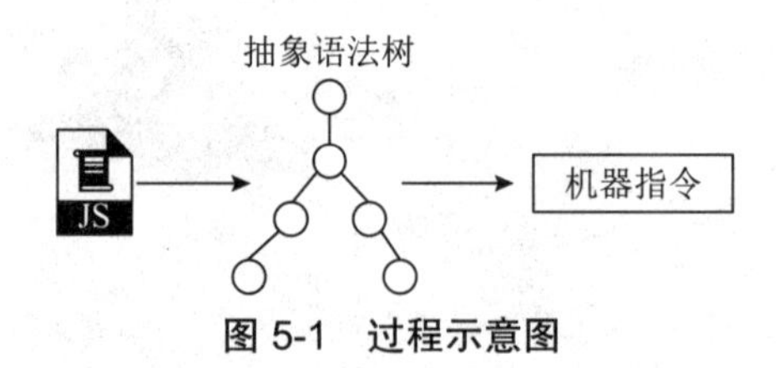

图 5-1　过程示意图

V8设计之初，是加快Chrome浏览器执行网页脚本的效率，当网页加载完成，V8 一步到位，编译成机器码，CPU就开始执行了。比起生成中间码解释执行的方式，V8 的策略省去了一个步骤，程序会更早地开始运行。并且执行编译好的机器指令，也比解释执行中间码的速度更快。不足的是，缺少字节码这个中间表示，使得代码优化变得更困难。

5.1.2　隐藏类

类是个被熟知的概念，这里加上“隐藏”二字修饰，我们可以先考虑，什么是不隐藏的类。那应该是 C++/Java 这种静态类型语言中，开发者定义的类。这些静态类型语言的每一个变量，都有一个唯一确定的类型。因为有类型信息，一个对象包含哪些成员和这些成员在对象中的偏移量等信息，编译阶段就可确定，执行时 CPU 只需要用对象首地址——在 C++中是this指针，加上成员在对象内部的偏移量即可访问内部成员。这些访问指令在编译阶段就生成了。但对于 JavaScript 这种动态语言，变量在运行时可以随时由不同类型的对象赋值，并且对象本身可以随时添加删除成员。访问对象属性需要的信息完全由运行时决定。为了实现按照索引的方式访问成员，V8“悄悄地”给运行中的对象分了类，在这个过程中产生了一种V8内部的数据结构，即隐藏类。隐藏类本身是一个对象。

当定义一个构造函数，使用这个函数生成第一个对象的时候，V8 会为它初始化一个隐藏类。以后使用这个构造函数生成的对象指向同一个隐藏类。但假如程序中对某个对象添加或者删除了某个属性，V8 立即创建一个新的隐藏类，改变之后的对象指向新创建的隐藏类，如图5-2所示。

可见，隐藏类起到给对象分组的作用。同一组的对象，具有相同的成员名称。隐藏类记录了成员名称和偏移量，根据这些信息，V8 能够按照对象首地址+偏移量访问成员变量。在程序中，访问对象成员是非常频繁的操作，相比于把属性名作为键值，使用字典查找的方式存取成员，使用索引的方式对性能的改进更明显。

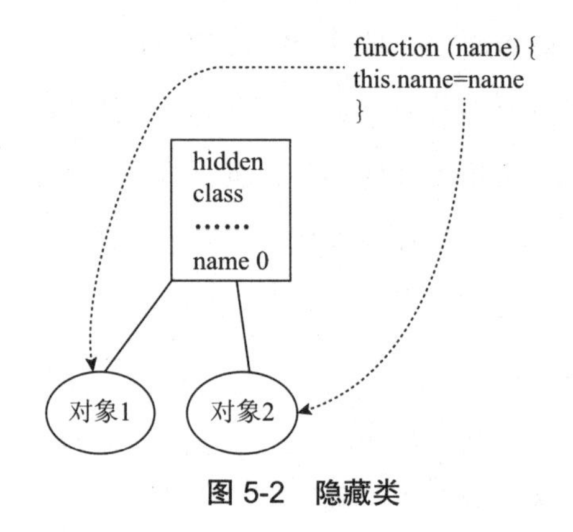

图 5-2　隐藏类

5.1.3　内联缓存

上面讲到，借助隐藏类，可以使用数组索引的方式存取对象成员。但成员的索引值是以哈希表的方式存储在隐藏类中。如果每次访问属性都搜寻隐藏类的哈希表，那么这种使用偏移量的方式不会带来任何好处。内联缓存是基于程序运行的局部性原理，动态生成使用索引查找的代码。下一次存取成员就不必再去搜寻哈希表。可以用两段伪代码描述这个过程。

```
// 代码 5-1
Object* find_name_general(Person* p) {
    Class* hidden_class = p->get_class();
    int offset = hidden_class->lookup_offset("name");
    update_cache(hidden_class, offset);
    return p->properties[offset];
}
Object* find_name_fast(Person* p) {
    if(Cached == p->get_class()) {
```

```
    //内联代码，直接使用缓存结果
    return p->properties[CACHED_OFFSET];
  }else{
    return p->get_class()->lookup_offset("name");
  }
}
```

5.1.4 优化回退

V8 为了进一步提升 JavaScript 代码的执行效率，使用了Crankshaft 编译器生成更高效的机器码。程序在运行时，V8 会采集 JavaScript 代码运行数据。当 V8 发现某函数执行频繁，就将其标记为热点函数。针对热点函数，V8 的策略较为乐观，倾向于认为此函数比较稳定，类型已经确定，于是调用Crankshaft 编译器，生成更高效的机器码。后面的运行中，万一遇到类型变化，V8 采取将 JavaScript 函数回退到优化前的较一般的情况。

```
// 代码 5-2
function add(a, b){
  return a + b
}
for(var i = 0; i < 10000; ++i) {
  add(i, i);
}
add('a', 'b');
```

上述代码在执行 for 循环的过程中，每次调用 add()函数，传入的参数是整型，运行一定次数后，V8 可能把这个函数标记为热点函数，并根据每次运行传入的参数预测，此函数的参数 a、b为整型。于是调用Crankshaft 编译器生成相应的代码。但当循环退出，执行字符串相加时，V8 只好将函数回退到一般状态。回退过程就是根据函数源码，生成相应语法树，然后编译成一般形式的机器码。可以预见这个过程是比较耗时的，并且放弃了优化后的代码去执行一般形式的代码，因此要尽量避免触发。

5.1.5 写出更具亲和性的代码

以上讨论了V8的一些特性。根据这些知识，在代码中，应该尽量避免一些误区，使得程序在 V8 环境中运行性能表现得更好。例如下面的代码：

```
// 代码 5-3
//片段1
var person = {
  add:function(a,b){
    return a+b;
  }
};
ojb.name = 'li';
//片段2
var person = {  add:function(a,b){
                  return a+b;
                }
    ,name: 'li'
};
```

以上代码实现的功能相同，都是定义了一个对象，这个对象具有一个属性 name 和一个方法 add()。但使用片段2的方式效率更高。片段1给对象 obj 添加了一个属性 name，这会造成隐藏类的派生。给对象动态地添加和删除属性都会派生新的隐藏类。假如对象的add 函数已经被优化，生成了更高效的代码，则因为添加或删除属性，这个改变后的对象无法使用优化后的代码。

上一节优化回退的例子也启示我们，函数内部的参数类型越确定，V8越能够生成优化后的代码。我们也要避免优化回退，例如可以再编写一个专门针对字符串相加的函数，而不是一个函数同时处理整型和字符串。

5.1.6 借助TypeScript

JavaScript 是一种动态的、弱类型的语言，它拥有巨大的灵活性。但这种灵活性很有可能要付出一些代价，为避免性能的损失，不妨对自己提出更高的要求。根据上面几节的讨论，方法之一就是可以通过更严格的编码规范，最好能从语法上强制代码符合某种契约，只有符合这种语法规则的文件才能正常使用，来实现语言级别的优化。这样做不仅能提高V8执行的效率，也使项目在变大的时候仍具备良好的可维护性。

TypeScript 是微软推出的 JavaScript 超集。TypeScript 完全兼容 JavaScript 语法。因此使用它没有任何门槛。但它增加了一些增强的语法，例如可以定义强类型，类型不匹配就无法通过编译。TypeScript 文件的后缀名为 ts，在执行前，需要编译成一般的JavaScript文件，而编译使得任何的语法错误可以被提前发现。例如可以定义一个相加函数，只接受数值型的参数。

```
// 代码 5-4
"use strict";
function sum(x:number, y:number):number {
    return x + y;
}
//正常
```

```
console.log(sum(5, 8));
//无法通过编译 - 'string' is not assignable to parameter of type 'number'
console.log(sum('1',2));
```

上节提到，动态地为对象增添属性会造成隐藏类派生。可以利用 TypeScript 接口的语法，使这种动态添加无法通过编译，例如下面的例子：

```
// 代码 5-5
"use strict";
interface SquareConfig {
  color: string;
  width: number;
}
//ok
let Square: SquareConfig = {color:'black', width:20};
//编译报错 - 'height' does not exist in type 'SquareConfig'
let Square1: SquareConfig = {color:'black', width:20, height:20};
//编译报错 - 'height' does not exist on type 'SquareConfig'
Square.height = 20;
```

关于TypeScript 更多的内容，请参考 http://tslang.cn/docs/tutorial.html。

编译 ts 文件，需要先安装相应的编译程序，在工程的根目录下，运行

```
npm install --save-dev gulp-typescript
```

然后在 gulpfile.js 文件内，添加如下代码：

```
// 代码 5-6
var ts = require('gulp-typescript')
```

```
gulp.task('ts', function(){
    return gulp.src('./ts/*.ts')
            .pipe(ts({
                noImplicitAny: true
                ,target :'ES6'
            }))
            .pipe(gulp.dest('./'));
});
gulp.task('default', ['test', 'ts']);
```

然后运行 gulp，就可以将 ts 文件夹内的 ts 文件编译为普通JavaScript文件。

5.2 垃圾回收与内存控制

5.2.1 V8的垃圾回收算法

JavaScript 的对象在 V8 引擎的堆中创建，V8 会自动回收不被引用的对象。采用这种方式，降低了内存管理的负担，但也造成了一些不便，例如 V8 堆内存大小的限制。在32位系统上限制为0.7GB，64位为1.4GB。之所以存在这种限制，根源在于垃圾回收算法的限制。V8 在执行垃圾回收的时候会阻塞 JavaScript 代码的运行，堆内存过大导致回收算法执行时间过长。“鱼和熊掌不可兼得”，有垃圾回收的地方，都会存在堆大小的限制，Java 也存在堆溢出的错误。

从宏观上来看，V8 的堆分为3部分，分别是年轻分代、年老分代、大对象空间。这三者保存不同种类的对象。

1. 年轻分代

年轻分代的堆空间一分为二，只有一半儿处于使用中，另外的一半儿用于垃圾清理。年轻分代主要保存那些生命期短暂的对象，例如函数中的局部变量。它们类似于 C++ 中在栈上分配的对象，当函数返回，调用栈中的局部变量都会被析构掉。V8 了解内存的使用情况，当发现内存空间不够，需要清理时，才进行回收。具体步骤是，将还被引用的对象复制到另一半的区域，然后释放当前一半的空间，把当前被释放的空间留作备用，两者角色互换。年轻分代类似于线程的栈空间，本身不会太大，占用它空间的对象类似于 C++ 中的局部对象，生命周期非常短，因此大部分都是需要被清理掉的，需要复制的对象极少，虽然牺牲了部分内存，但速度极快。

在 C++ 程序中，当调用一个函数时，函数内部定义的局部对象会占用栈空间，但函数嵌套总是有限的，随着函数调用的结束，栈空间也被释放掉。因此其执行过程中，栈犹如一个可伸长缩短的单反镜头。而 JavaScript 代码的执行，因为对象使用的空间是在年轻分代中分配，当要在堆中分配而内存不够时，由于新对象的挤压，将超出生命期的垃圾对象清除出去，这个过程犹如在玩儿一种消除类游戏。

2. 年老分代

年老分代中的对象类似于 C++ 中使用 new 操作符在堆中分配的对象。因为这类对象一般不会因为函数的退出而销毁，因此生命期较长。年老分代的大小远大于年轻分代。主要包含如下数据。

（1）从年轻分代中移动过来的对象。

（2）JIT 之后产生的代码。

（3）全局对象。

年老分代可用的空间要大许多，64位为1.4GB、32位为700MB。如果采用年轻分代一样的清理算法，浪费一般空间不说，复制大块对象在时间上也让人难以忍受，因此必须采用新的方式。V8 采用了标记清除和标记整理的算法。其思路是将垃圾回收分为两个过程，标记清除阶段遍历堆中的所有对象，把有效的对象标记出来，之后清除垃圾对象。因为年老分代中需要回收的对象比例极小，所以效率较高。

当执行完一次标记清除后，堆内存变得不连续，内存碎片的存在使得不能有效使用内存。在后续的执行中，当遇到没有一块碎片内存能够满足申请对象需要的内存空间时，将会触发 V8 执行标记整理算法。标记整理移动对象，紧缩 V8 的堆空间，将碎片的内存整理为大块内存。实际上，V8 执行这些算法的时候，并不是一次性做完，而是走走停停，因为垃圾回收会阻塞 JavaScript 代码的运行，所以采取交替运行的方式，有效地减少了垃圾回收给程序造成的最大停顿时间。如图5-3所示。

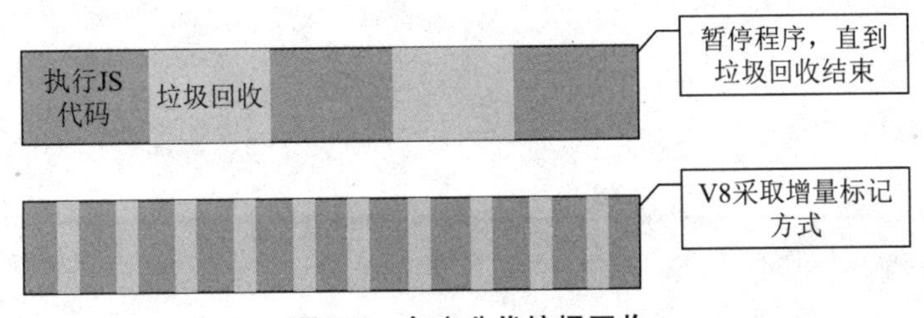

图 5-3　年老分代垃圾回收

3. 大对象空间

大对象空间主要存放需要较大内存的对象，也包括数据和 JIT 生成的代码。垃圾回收不会移动大对象，这部分内存使用的特点是，整块分配，一次性整块回收。

5.2.2　使用Buffer

Buffer 使用堆外内存，当我们操作文件，或者发起网络请求时，应该直接使用 Buffer 操作数据，而不是将其转成字符串，这样可以显著提高效率。Buffer 在堆外申请的空间释放的时机是在 Buffer对象被垃圾回收之时。我们不能决定 V8 什么时候进行垃圾回收，因此在高并发使用 Buffer 的情景中，有可能造成 Buffer 维护的堆外内存迟迟无法释放。这时可以考虑引入第三方模块，使得我们可以手动释放 Buffer 的空间。

Node目前使用的 Buffer 是基于 V8 的 Uint8Array 类，这个类提供了将堆外内存的控制权交出的函数。可以很容易地实现手工释放内存的需求。

```
//代码 5-7
#include <stdlib.h>
#include <Node.h>
#include <v8.h>
#include <node_buffer.h>
using v8::ArrayBuffer;
using v8::HandleScope;
using v8::Isolate;
using v8::Local;
using v8::Object;
using v8::Value;
using v8::Uint8Array;
inline bool HasInstance(Local<Object> obj) {
  return obj->IsUint8Array();
}
void Method(const v8::FunctionCallbackInfo<v8::Value>& args) {
  Isolate* isolate = args.GetIsolate();
  HandleScope scope(isolate);
  Local<Object> buf = args[0].As<Object>();
  if(!HasInstance(buf))
    return;
  Local<Uint8Array> array = buf.As<Uint8Array>();
  if (array->Buffer()->GetContents().ByteLength() <= 8 * 1024
    || array->Buffer()->IsExternal())
    return;
```

```
  int64_t change_in_bytes = -static_cast<int64_t>(array->Buffer()->GetContents().ByteLength());
  ArrayBuffer::Contents array_c = array->Buffer()->Externalize();
  free(array_c.Data());
  isolate->AdjustAmountOfExternalAllocatedMemory(change_in_bytes);
}
void init(v8::Local<v8::Object> exports, v8::Local<v8::Object> module) {
  NODE_SET_METHOD(module, "exports", Method);
}
NODE_MODULE(binding, init);
```

上述代码直接导出了一个函数，这个函数接收一个 Buffer 对象。对于小于8KB的Buffer，它的内存可能来自 Uint8Array 的一个片段，因此不能简单释放。如果这个对象维护的堆外内存大于8KB，就可以将内存释放掉。而这行代码

```
isolate->AdjustAmountOfExternalAllocatedMemory(change_in_bytes);
```

用来告知 V8 堆外内存已经改变了。传入的 change_in_bytes 为负数，代表堆外内存减少了相应值。这个函数内部判断了一下堆外内存是否超过一个固定值：

```
// 代码 5-8
  //I::kExternalAllocationLimit is const as (192 * 1024 * 1024)
  if (change_in_bytes > 0 &&
      amount - *amount_of_external_allocated_memory_at_last_global_gc >
          I::kExternalAllocationLimit) {
    ReportExternalAllocationLimitReached();
  }
```

可见，如果 change_in_bytes 为正，且堆外内存超过了这个固定值，就会调用 V8 内部的函数

```
ReportExternalAllocationLimitReached
```

前面提到V8对堆内存的垃圾回收算法采取增量标记的方式进行，这个函数的作用正是为增量标记算法的运行提供时机。也就是 V8 只需要标记相隔两次调用之间的新增对象。这便将每次需要标记处理的对象个数减少了。

5.2.3 避免内存泄漏

假设程序中需要一个队列，以生产者消费者的方式处理元素，我们可能会编写一个类似如下的队列类。

```
// 代码 5-9
"use strict";
const MAXLEN = 2000;
class Queue{
  constructor(){
    this.filelist = [];
    this.top = 0;
  }
  Push(path){
    this.filelist.push(path);
  }
  Pop(){
    if(this.top < this.filelist.length){
```

```
      if(this.top > 32){
      this.filelist = this.filelist.splice(this.top, this.filelist.
length - this.top);
        this.top = 0;
      }
      this.top += 1;
      return this.filelist[this.top - 1];
    }else{
      return null;
    }
  }
  Length(){
    return (this.filelist.length - this.top);
  }
}
var queue = new Queue();
```

假如上述代码调用 Pop()的频率更高，那不会出现什么问题，但如果Push()的操作频率高于Pop()，那么队列就会不断膨胀。因此，上述队列是不安全的。我们可以给类添加一个成员函数。

```
// 代码 5-10
Shuff(){
  if((this.filelist.length - this.top) > MAXLEN){
    this.filelist = this.filelist.splice(this.top, MAXLEN - 700);
    this.top = 0;
```

```
    }
}
```

我们可以在调用 Pop()方法之后，调用一次 Shuff()方法。如果发现队列超过一定大小，将一部分数据删除。除此之外，应该考虑借助 Redis 或者 Kafka 实现生产者消费者队列。

Redis 与 Kafka的区别如下。

Redis 是一个基于内存的 Key-Value 存储系统。Redis 提供了丰富的数据结构，包括 lists、sets、ordered sets、hashes以及对这些数据结构操作的 API。ioredis 是一个知名的 Redis 客户端，它的特点如下。

- 支持 Cluster（集群模式）、Sentinel（哨兵）、Pipelining、Lua 脚本和二进制消息的发布订阅；
- 非常易用的 API，支持 Promise 和 ES6 Generator；
- 可以与C模块Hiredis 一同使用；
- 支持对参数和返回值自定义形式转换函数；
- 允许用户自定义命令；
- 支持二进制数据；
- 提供事务支持；
- 对 key 透明地添加前缀，方便管理键的命名空间；
- 自动重连机制；
- 支持TLS、离线队列，ES6标准的类型如Set和Map。

下面是利用 Redis 做队列的一个例子。

```
//代码 5-11
var Redis = require('ioredis');
var redis = new Redis({
    port: 6379,           //Redis port
    host: '127.0.0.1'     //Redis host
  });
const QUEUENAME = 'data_mq';
redis.rpush(QUEUENAME, 'Electric cars will be popular');
redis.lpop(QUEUENAME, function(err, data){
  console.log(data);
});
```

ioredis 支持集群模式，使用起来和单机模式没有太大区别，以下是一个连接集群的例子。

```
//代码 5-12
var Redis = require('ioredis')
//cluster mode
var redis_cluster = new Redis.Cluster([{
  port: port1
  ,host: 'ip1'
}, {
  port: port2
  ,host: 'ip2'
}], {
```

```
  redisOptions:{
    dropBufferSupport:true
    ,parser:'hiredis'
  }
});
redis_cluster.multi().set('foo', 'xbar').get('foo').exec(function
(err, results) {
  console.log(results)
});
```

这里连接了一个 Redis 集群（端口号和IP换成真实的），并指定使用Hiredis（需要先安装这个模块。Hiredis 是一个用C语言实现的Redis 协议解析器，对于像 get 或者 set 这种简单的操作，使用 ioredis 自带的 JavaScript 版解析器就足够了。但对于 lrange 或者 ZRANGE 这类可能返回巨量数据的操作，使用 Hiredis 效果显著。

ioredis 为每一个命令提供了一个二进制版本，用以操作二进制数据。例如 lpop 的二进制版本是 lpopBuffer，它返回 Buffer 类型的对象。

```
// 代码 5-13
redis.lpopBuffer(QUEUENAME, function(err, data){
  console.log(data instanceof Buffer);
});
```

console.log 将打印出 true。

dropBufferSupport 选项置为 true，意味着 ioredis 将强制解析器返回字符串而不是 Buffer 对象。这个选项默认为 false，在使用 Hiredis时，应该置为 true，以避免不必要的内存复制，否则会影响 GC 的性能。如果要使用二进制版本的命令，可以再创建一个使用默认协议解析器的连接实例。

上述示例以事务的方式调用了 set 和 get。在集群模式下，事务内部的操作只能够在相同的 key 上进行。

关于 ioredis 的更多说明和使用例子，GitHub 上有比较详尽的内容，读者可参考那里的更多例子。这个项目在 GitHub 上的地址是 https://github.com/luin/ioredis。

Kafka 是一个基于磁盘存储的、分布式发布订阅消息系统，可支持每秒数百万级别的消息。它的特点是每次向磁盘文件末尾追加内容，不支持随机读写，以 O(1) 的磁盘读写提供消息持久化。Kafka 还可用来集中收集日志，Node 程序以异步方式将日志发送到 Kafka 集群中，而不是保存到本地或者数据库。这样consumer 端可以方便地使用 hadoop 技术栈进行数据挖掘和算法分析。kafka-node 是一个 Node客户端，它的安装和使用，读者可参考 https://github.com/SOHU-Co/kafka-node。

JavaScript 的闭包机制使得被异步调用打断的逻辑，在等待异步完成的过程中，上下文环境仍能够保留。异步调用完成之后，回调函数可以在它需要的上下文环境中继续执行。闭包的这个特点，使得它可以引用它之外的自由变量。一个函数执行完毕，其内部变量应该可以被回收。但闭包的引用，使这个问题变得稍微复杂一些。如果被闭包引用，而这个闭包又在有效期内，则这些变量不会被回收。例如：

```
// 代码 5-14
function CreatePerson(name) {
  var o = {
    sayName:function(){
      console.log(__name);
    }
  }
  var _name = name;
  return o;
}
```

```
var friend = CreatePerson('li');
friend.sayName();
```

我们通过构造函数创建的 friend 对象是一个闭包，这个闭包引用了构造函数中的_name 变量，这个变量不会被释放，除非将 friend 赋值为 null。而下面的例子

```
// 代码 5-15
var clo = function () {
  var largeArr = new Array(1000);
  return function () {
      console.log('run once')
    return largeArr;
  };
}();
setTimeout(clo, 2000);
clo = null;
```

运行等待2秒之后，打印出 run once。虽然立即将 clo 赋值为 null，但是对象不会被释放。setTimeout 相当于发起一次异步请求，这个异步请求2秒之后结束，回调正是 col 原来引用的闭包。

Node运行过程中，只要满足以下3条中的任意一条，对象均不会被回收。

（1）全局变量或者由全局变量出发，可以访问到的对象。

（2）正执行函数中的局部对象，包括这些局部对象可以访问到的对象。

（3）一个非全局对象，如果被一个闭包被引用，则这个对象将和引用它的闭包一同存在，即使离开了创建它的环境。这个对象称为自由变量，它为未来闭包执行的时候保留上下文环境。

参考资料

（1）https://developers.google.com/v8/

（2）https://www.npmjs.com/package/hiredis

第6章 Promise对象

本章将主要从异步解决方案的角度讨论一下 ES6 的 Promise 对象，同时也为下一章利用 Generator 解决“回调金字塔”做一些知识准备。ES6 是 JavaScript 有史以来最实质的升级，其目标是使JavaScript可以用来编写大型的复杂的应用程序，成为企业级开发语言。关于 ES6 的更多知识，读者可以查看本章末的参考资料，对其做更多的了解。

6.1 Promise的含义

这个概念和实现最初来源于社区，用于解决异步编程的回调嵌套问题，即将多级的嵌套改良成顺序的代码行。ES6 将其写进了语言标准，统一了用法，提供了原生 Promise。

Promise 是一个构造函数，用于生成一个 Promise 实例。Promise 实例代表一次异步操作。它只可能有3种状态，分别是 Pending（未决议）、Resolved（完成）、Rejected（出错）。当我们创建一个 Promise 实例的时候，Promise 对象处于 Pending 态。当异步操作完成，执行回调函数的时候，根据回调函数参数中 err 的值，如果 err 为空，则表示异步操作成功，将 Promise 置为完成态，否则将其置为出错的状态。此后，Promise 对象的状态将不会再变。

6.2 基本用法

以下代码创建了一个 Promise 实例，其代表一次异步读取文件目录操作。

```
// 代码 6-1
var fs = require('fs');
```

```
var readdir = function(){
  return new Promise(function(resolve, reject){
    fs.readdir(_dirname, function(err, data){
      if(err)
        reject(err);    //出错，将Promise实例置为Rejected
      else
        resolve(data); //成功，将Promise实例置为Resolved
    });
  });
}
var promise_readdir = readdir();
```

Promise 的构造函数接收一个函数作为参数。传入的这个函数被执行，意味着开始发起异步操作。它就是在创建 Promise 实例的时候开始执行的。这个函数接收两个参数——resolve和reject。Resolve()和reject()本身也是函数，由引擎传入。Resolve()函数的作用是将 Promise 实例的状态由 Pending 转变为 Resolved，并将异步操作的结果传递出去。类似的，reject()函数的作用是将状态转变为 Rejected，并将错误信息传出。以上代码中 promise_readdir 代表新生成的 Promise 对象。

Promise 实例生成以后，需要用 then()方法分别指定 Resolved 状态和 Rejected 状态的回调函数。调用 then()方法的同时，发起异步请求。

```
// 代码 6-2
promise_readdir.then(function (data){
  console.log(data);
}).catch(function (err){
  console.error(err);
})
```

catch 是 then 的一个语法糖，相当于

```
// 代码 6-3
promise_readdir.then(undefined, function (err){
  //错误处理
})
```

传给 catch 的函数在发生错误时执行。发生错误意味着由 Pending 转变为 Rejected，或者在传给 then 方法的回调函数中抛出异常。Promise 对象的错误具有向后传递的性质，因此错误总能够被最后一个 catch 语句捕获。这也是为什么在后面讲到的 then 的链式语法中，最后总会跟随一个 catch 调用。

```
// 代码 6-4
promise_readdir.then(function (data){
  throw new Error('intentionally throwed'')
}).catch(function (err){
  console.error(err);
})
```

传给then 的回调函数中抛出异常的情况，最后的 catch 会捕获到。

6.3 then的链式写法

then 方法定义在构造函数 Promise 的原型对象（Promise.prototype）上。这个方法为 Promise 实例添加状态改变时的回调函数。then 方法返回一个新的 Promise 实例，因此then()方法后面可以继续调用then()方法。传给then()方法的函数，可以返回3类值，分别

如下。

（1）一个 Promise 实例；

（2）一个普通值；

（3）抛出一个异常。

如果返回的还是一个 Promise 实例，则下一级 then()接收的函数将在这个 Promise 实例状态发生改变时被触发执行。因此，then()的链式写法，可以按序执行一系列的异步操作，并且后一个异步操作在前一个完成之后开始。

```
// 代码 6-5
var fs = require('fs');
var readdir = function(){
  return new Promise(function(resolve,reject){
    fs.readdir(_dirname, function(err, data){
      if(err)
        reject(err);
      else
        resolve(data);
    });
  });
}
var delayByMil = function(data) {
  return new Promise(function (resolve, reject){
    setTimeout(function(){
      resolve(data);
    }, 1000)
  });
```

```
}
readdir()
.then(function (data){
  console.log('第一个异步调用的结果');
  console.log(data);
  return delayByMil(data[0]);  //将结果作为参数传给下一级Promise实例
})
.then(function (data){
  console.log('第二个异步调用的结果');
  console.log(data);           //1秒钟后，打印出data[0]的值
})
.catch(function(err){
  console.error(err);
})
```

以上代码运行结果如下。

```
第一个异步调用的结果
[ 'exablue.js',
'md5.js' ]
第二个异步调用的结果
exablue.js
```

在上面的例子中，传给第一级 then()方法的函数返回了一个新的 Promise 实例，因此不会立即执行下一级 then()方法接收的函数。这个函数只有在返回的 Promise 实例的状态变为 Resolved 之后，才会被触发执行。把上一级异步调用的结果作为参数传给下一级的 Promise 实例，即借由 then()的链式的写法，解决了回调函数多层嵌套的问题。最后的 catch()方法用于异常处理。

6.4 bluebird库

bluebird 是 Promise 的一个实现。比起引擎提供的原生方案，使用 bluebird 提供的 Promise 能够运行在多个 JavaScript 环境下，甚至支持在老版本的 IE 浏览器中运行。它提供了非常实用的工具类函数，帮助我们更快捷地生成 Promise 对象。在效率上，被认为是所有 Promise 库中最快的。这个库导出的流程控制函数 coroutine 与下一章将要介绍的 ES6 Generator 一起又会产生一种全新的解决异步嵌套问题的方案，下一章将会详细介绍相关内容。以下的代码是使用bluebird 库的一个例子。

```
// 代码 6-6
var fs = require('fs');
var Promise = require("bluebird")
var readdirAsync = Promise.promisify(fs.readdir, fs);
readdirAsync(_dirname)
.then(function (data){
  console.log(data);
})
.catch(function(err){
  console.error(err);
})
```

上面的代码中 Promise 代表引入的 bluebird 模块，其 promisify()方法返回包装了对应异步函数的 Promise 实例。比起本章前面的例子，这种生成 Promise 对象的方式更加简洁。bluebird 还提供了一个 promisifyAll()方法，可以一次性处理对象包含的每一个异步函数，生成其对应的 Promise 对象，名称为原方法名后面加Async。我们看下面的例子。

```
// 代码 6-7
var Promise = require("bluebird")
var fs = Promise.promisifyAll(require('fs'));
fs.readdirAsync(_dirname)
.then(function (data){
  console.log(data);
})
.catch(function(err){
  console.error(err);
})
```

fs.readdirAsync 是对应于 fs.readdir 的 Promise 对象。同理，文件模块下其他的异步函数也都按照这种规则生成了对应的 Promise。

参考资料

（1）http://www.infoq.com/cn/es6-in-depth

（2）http://es6.ruanyifeng.com/#README

第7章
用ES6 Generator解决回调金字塔

本章将介绍如何使用 ES6 Generator 改造异步调用流程，解决回调函数的多层嵌套问题。此外还介绍了多并发和流程控制的实现原理。

7.1 Node异步实现流程

使用 Node 编写业务逻辑，由于它异步的调用方式，回调的多层嵌套增加了代码的复杂性。回调多层嵌套之后，代码看起来支离破碎。这种为了实现一个完整的处理流程而不断加深回调层次的代码结构有一个形象的称呼，叫作回调金字塔。

```
// 代码 7-1
function dosomething(cb){
  doAsync1(function (err, data) {
    if(err){
      cb(err)
    }else{
      doAsync2(function (err, data) {
        if(err){
          cb(err)
        }else{
          doAsync3(function (err, data) {
            if(err){
              cb(err)
            }else{
              cb(null, data)
```

```
                }
            })
        }
    })
  }
 })
}
```

以上的示例代码嵌套了3层，不包含任何其他语句，仅仅是一个骨架，已经难以维护了。对于实际的更复杂的业务逻辑，在程序中采用这种编码方式，将使得工程难以为继。我们急需一种最好是和同步式编码形式一致的方法编写异步逻辑，也就是将实际是异步执行的流程在形式上写成同步的。同步形式符合我们的思维习惯，利于阅读、修改和定位。本章介绍一种通用的方式——基于 ES6 Generator 实现我们的目标。

7.2 用Generator实现异步调用与多并发

从形式上看，Generator 是用 function*(){} 定义的一段代码块，与函数类似。它配合 ES6 引入的关键字 yield 使用。它的基本用法用下面的例子可以说明。

```
//代码7-2
require("babel-polyfill");  //ES6 generator support in Babel
let Promise = require("bluebird")
let co = Promise.coroutine;
let fs = require("fs");
let Thread = require('node-threadobject');
```

```
let thread = new Thread();
let readdirAsync = Promise.promisify(fs.readdir, fs);
let delayBySecAsync = Promise.promisify(thread.delayBySec, thread);
console.log('program start')
let hco = co(function* () {
  console.log('co begin')
  let ret = yield readdirAsync(_dirname);
  console.log(ret);
  yield delayBySecAsync(1);
  console.log('co end');
});
hco().catch(function(e){
  console.error(e)
});
console.log('hco end')
```

我们可以使用之前介绍的容器运行上述代码。启动我们的容器，进入 book 文件夹，然后新建一个目录 ES6，将上述代码保存到 ES6 中，文件名为 first_es6.js。同时，在 book 目录下新建一个文件，起名为 gulpfile.js，编辑这个文件，写入如下内容。

```
// 代码 7-3
//gulpfile.js
//Load plugins
var gulp = require('gulp'),
babel = require('gulp-babel');
gulp.task('test', function() {
    return gulp.src('./es6/*.js')
```

```
    .pipe(babel(
        {presets:['es2015']}
        ))
    .pipe(gulp.dest('./'));
});
gulp.task('default', ['test']);
```

gulp 会调用 gulp-babel 模块，将包含有 function*、yield 这些 ES6 标准下的代码编译成 ES5 的标准。除此之外，gulpfile.js 还可以 require 其他模块，完成不同的任务，例如：

```
// 代码 7-4
var sass = require('gulp-sass'),            //把sass文件编译成css
    uglify = require('gulp-uglify'),        //压缩JavaScript文件
    cssminify = require('gulp-minify-css'),//压缩css文件
    htmlmin = require('gulp-htmlmin'),      //压缩HTML文件
ts = require('gulp-typescript');            //编译ts文件
img64=require('gulp-imgbase 64'); //将html文件img的src属性替换为data urL
```

gulp 支持自动化构建，它有一个 watch 方法，可以指定监控某些路径，一旦文件有变化，就执行相应的回调函数。可以通过如下的 shell 脚本，启动并监控 gulp 进程。

```
#!/bin/bash
while true
do
   procnum='ps -ef|grep -w "gulp"|grep -v grep|wc -l'
   if [ $procnum -eq 0 ];then
       gulp watch > gulp.dat &
   fi
```

```
    sleep 1
done
```

将这个文件保存为 gulpmon.sh，放到与 gulpfile.js 相同的目录下，然后运行 ./gulpmon.js。它自动启动 gulp 服务，并监控这个进程的运行状态。

在 book 目录下，运行命令 gulp，之后会在 book 下成一个与 ES6 内部文件同名的 first_es6.js。运行 first_es6.js，结果如下：

```
program start
co begin
hco end
[ 'es6',
  'gulpfile.js',
  'node_modules',
  'package.json',
  'first_gen.js' ]
co end
```

看结果的打印顺序，最先打印出 program start，紧接着运行了 console.log('co begin')。从形式上看，接着该运行 let ret = yield readdirAsync(_dirname)，然后打印出 ret。但实际上，紧接着打印出的是 hco end。因为 readdirAsync 实际上是异步执行，变量 ret 真正被赋值是在实际的异步读取目录结束之后。打印出文件目录之后，等待1秒，最后打印出 co end。

将上述代码用回调的方式实现，对比来看。

```
// 代码 7-5
var fs = require("fs");
var Thread = require('node-threadobject');
```

```
var thread = new Thread();
console.log('program start')
console.log('hco begin');
fs.readdir(_dirname, function(err, data){
  if(err) console.error(err);
  else{
      console.log(data);
      thread.delayBySec(1, function(err){
        if(err) console.error(err);
        else{
            console.log('co end');
        }
      });
  }
});
console.log('hco end')
```

上述两段代码功能与执行顺序是一致的。使用 Generator，回调的写法被展平，异步执行的代码可以在形式上写成同步形式。“以同步之形，行异步之实”。一劳永逸地解决了代码形式上多重回调嵌套的问题。

代码段中被 co 包起来的部分，称为 Generator。异步函数经过 Promise.promisify 转化之后，皆可放入 Generator 内部使用。但异步函数的参数需要为如下形式：

```
//代码7-6
(p1,p2,...,function(err, data){
  })
```

而 Generator 内部的语句，可以包含任意复杂的逻辑判断与循环。本章最后一节将会对代码段 7-2做更深入的分析。接下来，我们看看如何使用 Generator 并发执行异步过程。

试想，如果前后阶段的执行彼此不依赖，那么使用 Generator的任务执行的时间为两个异步处理时间之和。但是处理时间可以更快，因为不依赖，所以任务处理完成的最小时间是两者单独处理时间较大的那一个，如图7-1所示。

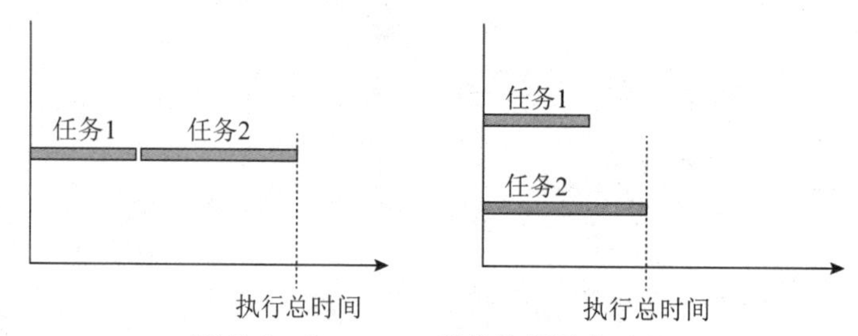

图 7-1 Generatou并发执行异步过程

这里将介绍两种方式，第一种借助于已有的知识实现一个自定义函数，达到并行执行的目的。第二种借助于 bluebird 提供的功能。基于上面介绍的内容，可以自己写一个模块，实现多并发。思路是写一个函数，它接收多个异步函数作为参数，然后同时调用。后续负责收集结果。当传给它的所有异步函数的回调都执行了以后，它的异步过程才算执行完。可以先设想我们的调用方式如下。

```
// 代码 7-7
let allrel = yield parallelAsync([
    {func: func1, param:[p11,p21,...]}
   ,{func: func2, param:[p21,p22,...]}]);
console.log(allrel[0]);
console.log(allrel[1]);
```

parallelAsync 的参数是一个数组，其中的每一个对象包含着要执行的异步函数以及参数。我们定出了接口，下一步是遵照接口，实现这样一个异步并发的目标，代码如下：

```
// 代码 7-8
function mapLen(obj){
  var l = 0;
  for(var key in obj){
    ++l;
  }
  return l;
}
function Parallel(array, cb){
  const len = array.length;
  var result = {};
  var error = false;
  for(var i = 0; i < len; ++i){
    (function(i){
      var parray = array[i].param.concat();
      parray.push(function(err, data){
        if(err) error = true;
        result[i] = err ? err : data;
        if(mapLen(result) == len){
          var r = [];
          for(var j = 0; j<len; ++j) {
            r.push(result[j]);
          }
          if(error){
            cb(r)
```

```
          }else{
            cb(null, r);
          }
        }
      });
      if(array[i].obj){
        array[i].func.apply(array[i].obj, parray);
      }else{
        array[i].func.apply({}, parray);
      }
    })(i);
  }
}
module.exports = {
  parallel : Parallel
}
```

我们可以将上述代码保存成文件 pyield.js。下面的代码是使用 pyield 的一个例子。

```
// 代码 7-9
require("babel-polyfill");  //ES6 generator support in Babel
let Promise = require("bluebird")
var co = Promise.coroutine;
var Redis = require('ioredis');
let pyield = require('pyield');
let redis = new Redis({
    port: 6379,          //Redis port
```

```
    host: '127.0.0.1'    //Redis host
  });
let parallelAsync = Promise.promisify(pyield.parallel, pyield);
let hco = co(function* () {
  redis.set('a', 'hello a');
  redis.set('b', 'hello b');
  redis.set('c', 'hello c');
  let allrel = yield parallelAsync([
     {obj: redis, func: redis.get, param:['a']}
    ,{obj: redis, func: redis.get, param:['b']}
    ,{obj: redis, func: redis.get, param:['c']}]);
  console.log(allrel);
});
hco().then( function() {
         }).catch(function(e){
            console.error(e);
});
```

使用gulp编译上述代码之后运行，结果如下：

```
[ 'hello a', 'hello b', 'hello c' ]
```

上述代码是一个用来演示的例子。因为 Redis 本身是单线程的，所以真实操作Redis的时间并未缩短。但如果Redis 运行在 cluster 模式下，则可以享受到并发存取数据的好处。

第二种方式是借助 Promise.all 函数实现平行执行。这种方式写起来就非常简单明了。我们将代码段 7-2 改造为平行执行，即发起异步读取的时候同时发起一个等待1秒的操作。

```
// 代码 7-10
require("babel-polyfill");  //ES6 generator support in Babel
let Promise = require("bluebird")
let co = Promise.coroutine;
let fs = require("fs");
let Thread = require('node-threadobject');
let thread = new Thread();
let readdirAsync = Promise.promisify(fs.readdir, fs);
let delayBySecAsync = Promise.promisify(thread.delayBySec, thread);
console.log('program start')
let hco = co(function* () {
  console.log('co begin')
  let ret = yield Promise.all([readdirAsync(_dirname), delayBySecAsync(1)]);
  console.log(ret);
  console.log('co end');
});
hco().catch(function(e){
  console.error(e)
});
console.log('hco end')
```

可见 Promise.all 函数接收一个数组，这个数组的每一个对象都是 Promise 实例，这些 Promise 对象被同时发起，达到并行效果。

7.3 严格模式下运行

上一节我们在运行文件前都使用了 gulp 工具。这是为了将 ES6 标准的代码先转换成 ES5。随着 ES6 标准的发布和 Node 自身的发展，Node 已经可以原生支持 ES6 标准，包括 Generator 和 yield。也就是说，运行前不是必须先运行 gulp。在 JavaScript 文件最开始，添加如下代码：

```
"use strict";
```

告诉 Node 以严格模式运行代码，然后删除对 babel-polyfill 模块的引用。这只需要对文件开头稍作修改。

```
// 代码 7-11
"use strict";
let Promise = require("bluebird")
let co = Promise.coroutine;
//...
```

这样修改之后，就可以直接运行文件。需要注意的是，无论是否使用 gulp，使用 Generator 的代码都运行在严格模式下。gulp 之后生成的文件，最前面也有如下语句：

```
"use strict";
```

严格模式消除了之前语法上不严谨、不合理的地方，同时也有助于解释器更快地执行我们的代码。本书附录 A 包含严格模式的详细说明，建议读者参考。

7.4 理解执行过程

上面的一些代码例子，被 co 包起来的部分称为 Generator，它是以如下形式定义的函数。

```
// 代码 7-12
"use strict";
function* gen() {
  yield 'hello world!';
}
```

执行这个函数会生成一个 Generator 实例，它的特点是每次执行到 yield 右侧的表达式就不再继续往下执行。如果要继续，需要人为地调用一次对象的 next()方法。next()方法返回一个对象，其中一个属性 value 保存着 yield 右侧表达式的值。对于刚生成的 Generator 对象，不会执行任何语句。因此第一次调用 next()之后，运行到第一个 yield 右侧的表达式，next()返回的对象中包含第一个 yield 右侧表达式的值。例如下面的例子：

```
// 代码 7-13
"use strict";
function* gen() {
  yield 'hello world!';
}
let iter = gen();
console.log(iter.next());
```

执行这个文件，打印结果如下：

```
{ value: 'hello world! ', done: false }
```

done 代表是否执行完毕。如果将某一个对象作为参数调用 next()方法，则 yield 左侧的表达式被这个对象赋值。

我们熟悉了 Generator 对象的这种执行方式后，可以设想，使用 Generator 将异步流程写成同步的形式，调用 next()方法的时机就是回调函数执行的当口。因为这时候回调函数接收到的参数就是这次异步调用的结果。将这个结果作为参数调用 next()，则我们的代码中“yield”左侧的变量就被正确赋值，同时开始执行下一个异步操作。采用这种方式，从上到下，直到这个 Generator 对象中被 yield 分割的每一个部分都执行完毕。

在上面的示例中，使用 yield 发起的异步调用，我们没有传入回调函数，而是事先用 bluebird 库的 Promise.promisify 做了一个处理。Promise.promisify 以一个异步函数为参数，返回对应的 Promise 版本的对象。上节我们提到 Promise 实例有一个 then()方法，调用 then()方法，开始执行异步操作，而传给 then()方法的函数用来收集结果。当这个收集函数被调用时，代表着异步过程结束，正好可以趁机调用 Generator 对象的 next()方法。

根据上面的讨论，下一步，我们来实现一个基于 Generator 的将异步改造为同步形式的控制流程函数co()，并且不必依赖 bluebird 库，我们新建一个文件，命名为 co.js，代码如下：

```
// 代码 7-14
"use strict";
//co.js
module.exports = function (gen) {
  var hander_error_ = [];
  function flow() {
    var iter_ = gen();
    var next_ = (data) => {
```

```
    var result = iter_.next(data);
    if (!result.done) {
      result.value.then((data) => {
        next_(data);
      }).catch(function(err){
        hander_error_.forEach((handler) => {
          if(typeof handler == 'function'){
            handler(err);
          }
        });
      });
    }
  };
  process.nextTick(() => {
    try{
      next_();
    }catch(err){
      hander_error_.forEach((handler) => {
        if(typeof handler == 'function'){
          handler(err);
        }
      });
    }
  });
  return flow;
};
```

```
  Object.defineProperty(flow, 'catch', {
    enumerable : false
    ,value : function (handler) {
                if(typeof handler == 'function'){
                  hander_error_.push(handler);
                }
                return flow;
              }
  });
  return flow;
}
```

上述代码的流程控制函数由我们自己实现，接下来可以编写一个使用 co.js 模块的例子，在同级目录下，将新建的文件命名为 test_co.js。

```
// 代码 7-15
"use strict";
//test_co.js
let fs = require("fs");
let co = require('./co.js');
let readdirAsync = (dirname) => {
  return new Promise((resolve, reject) => {
    fs.readdir(dirname, function(err, data){
      if(err)
        reject(err);
      else
        resolve(data);
```

```
    });
  });
}
let delayBySecAsync = (secs) => {
  return new Promise((resolve, reject) => {
    setTimeout(function(){
      resolve();
    }, secs*1000)
  });
}
let hco = co(function* () {
  console.log('co begin');
  console.log('Wait by 1 sec, then print current directory');
  yield delayBySecAsync(1);
  let ret = yield readdirAsync(_dirname);
  console.log(ret);
  throw new Error('An error has been intentionally throwed');
  console.log('co end');
});
hco().catch(function(e){
  console.error(e);
});
```

以上代码引用了 co.js，其他部分的代码与使用 bluebird 的 coroutine 时大同小异。可直接运行上面的代码。之后打印出的结果如下：

```
co begin
```

```
Wait by 1 sec, then print current directory
['co.js',
'md5.js',
'redis.js',
'test_co.js' ]
[Error: An error has been intentionally throwed]
```

上述的控制流程函数考虑了异常处理，test_co.js 中的语句

```
throw new Error('An error has been intentionally throwed')
```

故意抛出了一个异常，因此未执行 console.log('co end')，而是跳转到注册的异常处理函数中。接下来，我们使用 bluebird 库实现相同的功能，对照来看。

```
// 代码 7-16
"use strict";
let fs = require("fs");
var Promise = require("bluebird");
var Thread = require('Node-threadobject');
var co = Promise.coroutine;
var thread = new Thread();
let readdirAsync = Promise.promisify(fs.readdir, fs);
let delayBySecAsync = Promise.promisify(thread.delayBySec, thread);
let hco = co(function* () {
  console.log('co begin');
  console.log('Wait by 1 sec, then print current directory')
  yield delayBySecAsync(1);
  let ret = yield readdirAsync(_dirname);
```

```
  console.log(ret);
  throw new Error('An error has been intentionally throwed');
  console.log('co end');
});
hco().catch(function(e){
  console.error(e);
});
```

Promise.coroutine 实现了流程控制的功能，Promise.promisify 将异步函数转换成 Promise 对象。现在，读者应该能体会 bluebird 这个 Promise 库是多么强大了。

7.5 本章结语

本章使用一章篇幅介绍了如何使用 Generator 编写异步过程以及背后的一些原理。笔者认为通过这种方式来解决回调金字塔，比起其他方案，代码可读性是最好的。代码语句从上到下排列，符合我们通常的阅读习惯。上下代码行还可以相互印证，帮助我们理解。我们这种同步的语句块式的代码看起来可能不够简洁，但也正因为“啰嗦”一些，反而给读者提供了思考的上下文，帮助我们展开思维，理解关键的地方。这使得代码真正成为“最好的注释”。这对后期的维护和交接非常有帮助。我们应该在追求代码简洁和可维护性上找到一个平衡点。

第8章 LoopBack开源框架

LoopBack 是建立在 Express 基础上的企业级 Node框架，这个框架支持以下几点。

- 只需编写少量代码就能创建动态的端到端的 REST API；
- 支持主流的数据源，例如 MongoDB、SOAP、MySQL，以及REST API 的数据；
- 一致化的模型关系和对 API 访问的权限控制；
- 可使用内置的用于移动应用场景下的地理定位、文件服务以及消息推送；
- 提供 Android、iOS 和 JavaScript 的 SDK，轻松创建客户端应用程序；
- 支持在云端或者本地部署服务。

它可以像 Express 那样被使用。除此之外，LoopBack 作为一个面向企业级的 Web 框架，提供了更丰富的功能，这在我们添加模型、权限控制、连接数据源等操作时，极大地提升我们的效率。例如可以通过修改配置增加模型，并指定模型的数据源。它默认提供了一些基础模型，例如 User 这个模型包含了注册、登录等逻辑。我们可以非常方便地继承这些内建模型，实现个性化的定制。它还提供了 Hook 编程的机制。它同时提供了可视化的调试页面，自动生成对应的前端SDK 。这些功能在开发大型 Web 服务的时候，将帮助我们更容易地查看和管理项目。本章将会详细介绍 LoopBack 的使用。

8.1 安装与运行

StrongLoop 是生成 LoopBack 框架的工具程序，首先安装它。运行如下命令：

```
npm install -g strongloop
```

安装完成之后，可以运行 slc -v 查看是否安装成功（需要事先建立 slc 的软链接）。

接下来运行 slc loopback，这是一个交互式的命令，首先提示用户输入项目名称，这里就输入 loopback。接下来根据引导，按步骤填写相应信息即可。输入项目名称之后，接下来的步骤直接按回车键即可。最后 strongloop 会自动创建 loopback 目录，并且在目录下创建默认的项目文件。进入 loopback 文件夹，运行 slc loopback:model，创建一个模型。可以随意输一个模块名，例如 cool 。接下来要求选择数据源，这里先选择默认值 db (memory)，按回车键。下一步要求选择模型的基类，也选用默认值 PersistedModel，代表此模型与持久化数据源连接。接下来，会出现如下语句：

```
Expose cool via the REST API? Yes
```

选择“Y”，LoopBack 会生成 REST API 的代码。之后直接按回车键完成步骤即可。我们查看一下 loopback 目录都包含哪些文件，如图8-1所示。

README.md client common node_modules package.json server

图 8-1 lookback目录

LoopBack 符合模型(M)—视图(V)—控制器(C)的设计规范。图8-1中的 server 文件夹包含了程序的启动代码和配置信息。路由部分的逻辑也在 server 目录下。Express 支持将路由分组，因此 server 目录可以对应 MVC 的“C”。client 目录包含给用户展示的前端代码，也包含由后台处理的用于生成页面的模板。这个目录对应 MVC 的“V”。common 目录下有一个 models 文件夹，这里的代码处理具体的业务逻辑和数据，对应“M”，模型是LoopBack的核心，其背后的数据源可以是数据库，也可以是REST风格的服务。

我们进入 server 文件夹，运行 node server.js，可以看到如下信息：

```
Web server listening at: http://0.0.0.0:3000
Browse your REST API at http://0.0.0.0:3000/explorer
```

在本地打开浏览器，访问 http://0.0.0.0:3000/explorer， 可以看到如图8-2所示界面。

这是 LoopBack 集成的一个非常棒的功能，它列出了所有对外的模型和每一个模型的接口。LoopBack 默认生成的接口都是 REST API 风格。单击某一个接口，界面会展开，展开的界面提供了测试功能。我们可以将构造好的参数填入输入框，然后查看接口的返回结果。

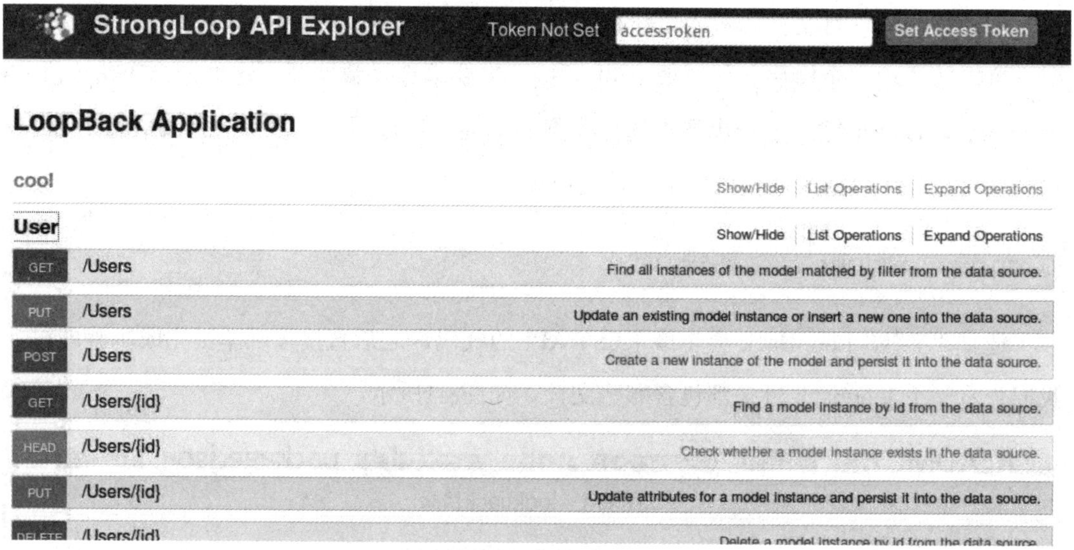

StrongLoop API Explorer　Token Not Set　accessToken　Set Access Token

LoopBack Application

cool　Show/Hide | List Operations | Expand Operations

User　Show/Hide | List Operations | Expand Operations

GET /Users　Find all instances of the model matched by filter from the data source.

PUT /Users　Update an existing model instance or insert a new one into the data source.

POST /Users　Create a new instance of the model and persist it into the data source.

GET /Users/{id}　Find a model instance by id from the data source.

HEAD /Users/{id}　Check whether a model instance exists in the data source.

PUT /Users/{id}　Update attributes for a model instance and persist it into the data source.

DELETE /Users/{id}　Delete a model instance by id from the data source.

图8-2　访问结果

LoopBack 为模型默认生成的接口包括以下几个。

1. 读系列

（1）exists：模型的数据源中对应的ID项是否存在。

（2）findById：根据ID返回数据源对应的项。

（3）find：返回所有满足匹配查询条件的项。

（4）count：返回满足匹配查询条件的项目个数。

2. 写系列

（1）create：创建新项。

（2）upsert：更新项。

（3）destroyById：删除指定ID的项。

默认这些 REST API 可以被访问。如果需要屏蔽某一个，可以在模型的 JavaScript 文件内部，例如在cool.js内部增加调用。

```
// 代码 8-1
module.exports = function(Cool) {
```

```
  Cool.disableRemoteMethod('findById', true);
  // ...
```

这样就能屏蔽掉 findById 这个接口。

当 LoopBack 服务启动的时候，它会按照文件名的字符串顺序，加载位于 /server/root 里面的所有的后缀名为 .js 的文件。这提供了一个初始化整个系统的机会。例如可以利用这个机制挂载模块，或者将初始化数据库的代码放到这个目录。

在浏览器中打开 explorer 调试接口虽然方便，但在实际项目中，别人可以随意查看这个界面，因此存在着一定的风险。这时候就可以利用 LoopBack 加载 server/root 里面 JavaScript 文件的机制，为 explorer 的访问增加权限控制。接下来在 server/root 里新建一个文件，起名为 explorer.js，这个文件的内容如下：

```
// 代码 8-2
module.exports = function mountLoopBackExplorer(server) {
  var explorer;
  try {
    explorer = require('loopback-component-explorer');
  } catch(err) {
    //Print the message only when the app was started via 'server.listen()'.
    //Do not print any message when the project is used as a component.
    server.once('started', function(baseUrl) {
      console.error(
      'Run `npm install loopback-component-explorer` to enable the
LoopBack explorer'
      );
    });
    return;
```

```
  }

  //用户名 test 密码 123456

  server.use('/explorer', require('node-basicauth')({'test': '123456' }));

   server.use('/explorer', explorer.routes(server, { basePath:
server.get('restApiRoot') }));

  server.once('started', function() {

    var baseUrl = server.get('url').replace(/\/$/, '');

    console.log('查看你的 REST API  %s%s', baseUrl, '/explorer');

  });

};
```

以上代码使用了一个新的模块——node-basicauth，因此在启动服务前需要先安装好，回到 loopback 目录运行如下代码：

```
npm install node-basicauth
```

然后还需要修改 server/component-config.json 文件的内容，将默认的配置删除，或者直接删除这个文件。在 server 目录下重新启动服务，然后在本地用浏览器打开网址 http://0.0.0.0:3000/explorer，出现提示，要求输入用户名和密码，如图8-3所示。

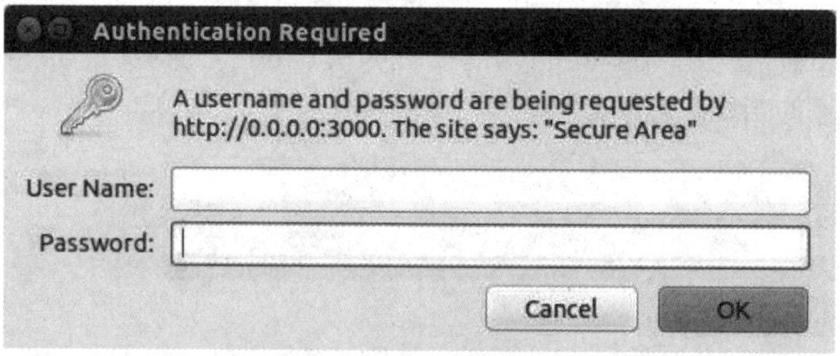

图 8-3　提示登录界面

mountLoopBackExplorer 函数的参数 server 是 LoopBack 传进来的，这个对象代表 LoopBack 程序本身，在server.js文件开头创建。

```
var app = module.exports = loopback();
```

app.models 包含了所有的模型，如果要访问 cool 这个模型，可以通过如下形式：

```
app.models.cool
```

得到此模型对象，之后便可以调用这个对象的函数。

8.2 路由与权限控制

LoopBack 添加路由的方式与 Express 一致。LoopBack 实现了 MVC 模型，在这个框架下，它提供了另外一种添加模块并导出 API 的方式。先来看 Express 添加路由的方法。默认生成的 server/server.js文件不大，大致内容如下：

```
// 代码 8-3
var loopback = require('loopback');
var boot = require('loopback-boot');
var app = module.exports = loopback();
app.start = function() {
  //start the web server
  return app.listen(function() {
    app.emit('started');
    var baseUrl = app.get('url').replace(/\/$/, '');
    console.log('Web server listening at: %s', baseUrl);
    if (app.get('loopback-component-explorer')) {
      var explorerPath = app.get('loopback-component-explorer').mountPath;
```

```
      console.log('Browse your REST API at %s%s', baseUrl, explorerPath);
    }
  });
};
//Bootstrap the application, configure models, datasources and middleware.
//Sub-apps like REST API are mounted via boot scripts.
boot(app, __dirname, function(err) {
  if (err) throw err;
  // start the server if '$ Node server.js'
  if (require.main === module)
    app.start();
});
```

在 server.js 控制路由的逻辑中，应该将路由分类，以后方便管理。在 server 目录中新建一个文件夹，命名为 routes，然后新建一个 test.js 的文件，内容如下：

```
// 代码 8-4
var router = module.exports.test_router = require('loopback').Router();
router.get('/name', function(req, res, next) {
  res.send('visit test/name');
});
router.get('/', function(req, res) {
  res.send('visit test root');
});
```

启动服务后，用户访问 /test/ 或者 /test/name 的时候要能正确返回。因此需要修改 server.js，建立 test 的路由，以下是修改之后的 server.js 内容：

```
// 代码 8-5
var loopback = require('loopback');
var boot = require('loopback-boot');
var path = require('path');
var app = module.exports = loopback();
app.start = function() {
  //start the web server
  return app.listen(function() {
    app.emit('started');
    var baseUrl = app.get('url').replace(/\/$/, '');
    console.log('Web server listening at: %s', baseUrl);
    if (app.get('loopback-component-explorer')) {
      var explorerPath = app.get('loopback-component-explorer').mountPath;
      console.log('Browse your REST API at %s%s', baseUrl, explorerPath);
    }
  });
};
app.use('/test',require(path.resolve(__dirname, './routes/test.js')).
test_router);
//Bootstrap the application, configure models, datasources and middleware.
//Sub-apps like REST API are mounted via boot scripts.
boot(app, _dirname, function(err) {
  if (err) throw err;
  //start the server if '$ Node server.js'
  if (require.main === module)
```

```
    app.start();
});
process.on('uncaughtException', function (err){
  console.error('uncaughtException: %s', err.message);
});
```

重新启动服务，使用浏览器访问 http://0.0.0.0:3000/test/name 和 http://0.0.0.0:3000/test/ 可以看到返回的结果。以上代码除了添加了一个 test 的路由，还监听了 uncaughtException 这个事件，后面在讲解 cluster 模式的时候，将会看到对这个事件更合理的处理。

按照上述方式添加路由非常简单，但这些导出的 API 无法在 explorer 页面中查看和调试，也难以对API 进行权限控制等操作。好在 LoopBack 框架提供了一套机制，通过修改配置文件就能增加模型和导出 REST API，并且能够方便地对接口进行权限控制。之前在 common/models 文件夹里，用 slc 生成了一个模型 cool，这个目录下包含两个文件：cool.js 和cool.json。

cool.json 是对这个模型的配置，该文件的内容如下：

```
// 代码 8-6
{
  "name": "cool",
  "base": "PersistedModel",
  "idInjection": true,
  "options": {
    "validateUpsert": true
  },
  "properties": {},
  "validations": [],
  "relations": {},
```

```
  "acls": [],
  "methods": {}
}
```

这个文件定义了几个字段，base 字段代表 cool 模型的基类，acls 字段用于权限控制。relations 字段定义了模型之间的关系，properties 字段定义了模型对应的持久化字段。cool.js 中包含这个模型的处理逻辑，该文件的初始内容如下：

```
// 代码 8-7
module.exports = function(Cool) {
};
```

现在给 cool 添加一个 get 请求，并对这个 API 添加不同类型的权限。要添加新接口，需要在cool.js 中编写新接口的代码，例如添加一个名字为 test 的接口，这个接口接收一个字符串，然后返回这个字符串，代码大致如下：

```
// 代码 8-8
module.exports = function(Cool) {
  Cool.test = function(content, cb){
      cb(null, content);
  };
  Cool.remoteMethod(
    'test'
    ,{
      description: '输入一个字符串，返回它'
      ,accepts: [
                    {arg: 'content', type: 'string',required: true}
                     http: function(ctx){
```

```
                //获取get请求参数
                var content= ctx.req.query.content;
            //进行参数检查
              if(!content) throw new Error('content is empty~');
                return content;
              }
            }
          ]
      ,http: {path:'/test', verb: 'get'}
          ,returns : { arg: 'ret', type:"string", root:
true,required: true}
    }
  );
};
```

由上面的例子可知，为模型添加API需要两个步骤，除了要编写具体的接口代码之外，还需要调用remoteMethod方法将接口导出。这个方法接受一个对象，对象分别定义请求参数、返回值类型、请求路径等。可以利用这个对象做参数检查，将检查参数的代码与接口要实现的逻辑分开。

LoopBack 是一个优秀而易用的框架，代码就是最好的教科书。经过修改之后，重新启动服务，用浏览器打开 explorer，测试新添加的接口，如图8-4所示。

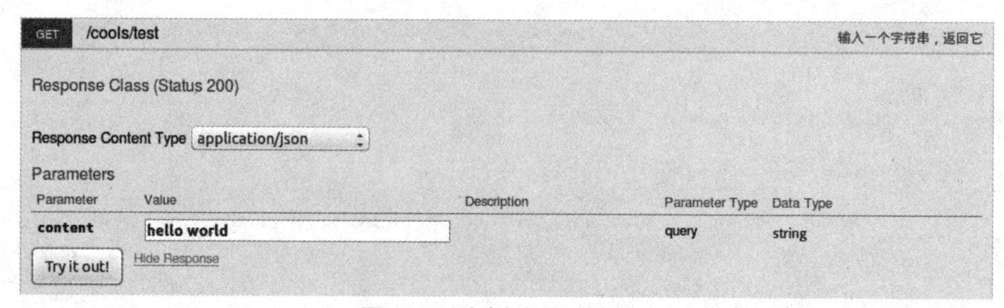

图 8-4　测试新添加的接口

我们在输入框随意输入一个字符串，单击测试按钮，可以立即查看返回结果。可见 LoopBack 框架内，给模型添加一个接口非常方便，新接口添加完毕，用浏览器打开页面就可以直接调试。下面修改cool.json 文件，来实现对这个接口的权限控制。为 acls 这个字段添加如下内容：

```
// 代码 8-9
"acls": [
    {
       "principalType": "ROLE",
       "principalId": "$everyone",
       "permission": "DENY"
    }
  ]
```

保存文件之后重启服务，在 explorer 内重新测试，发现接口已经不可访问。

```
//代码 8-10
{
    "error": {
    "name": "Error",
    "status": 401,
    "message": "Authorization Required",
    "statusCode": 401,
    "code": "AUTHORIZATION_REQUIRED",
    "stack": "Error: Authorization Required"
  }
}
```

principalId 是指对谁进行权限控制。在 LoopBack 中，常用的几个取值如下。

（1）$everyone；

（2）$owner；

（3）$authenticated；

（4）自定义角色，例如 admin。

$everyone 按照字面意思比较好理解。$owner 和 $authenticated 以及自定义角色在启用用户Token 的情况下使用。例如一个登录用户，在访问 REST API 时会带上他的 Token 信息，$owner 代表这个用户只能访问自己的信息，而对其他用户的数据没有访问权限。如果换成 $authenticated，那么只要用户的 Token 信息合法，就可以调用这个接口。下面我们继续修改 acls 这个键，使得 test 接口可重新访问，我们添加一个针对 test 接口的访问控制项。

```
//代码 8-11
"acls": [
    {
      "principalType": "ROLE",
      "principalId": "$everyone",
      "permission": "DENY"
    }
    ,{
      "accessType": "EXECUTE",
      "principalType": "ROLE",
      "principalId": "$everyone",
      "permission": "ALLOW",
      "property": "test"
    }
  ]
```

principalId 设置为对所有的人进行访问控制，permission 字段设置为“允许”。重启服务后，这个接口变得可访问。accessType 的取值有3个，分别是 READ、WRITE 和 EXECUTE。一般来讲，自定义的接口 accessType 使用 EXECUTE 修饰，principalId 使用 $everyone 或 $authenticated 修饰。对于每一个模型，LoopBack 框架会自动生成一系列固定模式的 REST API，用于存取模型数据。这部分接口的 accessType 常会用到 READ 和 WRITE。接下来，基于 LoopBack 的一个内建模型 User，建立一个用户体系，允许使用者创建新用户，生成用户 Token，然后再进一步讨论 LoopBack 的权限控制，之后本章还将讨论 LoopBack 中模型之间的关系。

8.3 添加新模型

接下来添加一个模型 Ouser，并建立服务的用户体系。进入 server 目录，其中有一个配置文件 model-config.json，这个文件中记录了所有的模型。打开此文件，在 cool 之后添加 Ouser 模型。

```
//代码 8-12
  "cool": {
    "dataSource": "db",
    "public": true
  },
  "Ouser":{
    "dataSource": "db",
    "public": true
  }
```

之后，在 common/models 目录下，新建两个文件：ouser.js和ouser.json。

下面编辑ouser.json文件的内容，如下所示：

```
//代码 8-13
{
  "name": "Ouser",
  "plural": "ousers",
  "base": "User",
  "idInjection": true,
  "properties": {
    "nickname": {
      "type": "string"
    }
  },
  "validations": [],
  "relations": {
  },
  "acls": [
    {
      "principalType": "ROLE",
      "principalId": "$everyone",
      "permission": "DENY"
    },
    {
      "accessType": "*",
      "principalType": "ROLE",
```

```
      "principalId": "$owner",
      "permission": "ALLOW"
    },
    {
      "accessType": "*",
      "principalType": "ROLE",
      "principalId": "admin",
      "permission": "ALLOW"
    }
  ],
  "methods": {}
}
```

Ouser 继承自 User，对应的 JavaScript 文件在 LoopBack 模块目录的 common/models 文件夹中。User 代表了对用户操作的模型，包含了注册、登录等逻辑。接着编写 ouser.js 文件内容，如下所示：

```
//代码 8-14
module.exports = function(Ouser) {
};
```

因为模型 Ouser 继承自 User，因此源文件中可以调用 User 定义的方法，User 对外的接口也被 Ouser 模型继承。在 model-config.json 文件中，屏蔽掉 User，使这个模型的接口不对外。

```
//代码 8-15
"User": {
    "dataSource": "db",
```

```
  "public":false
 }
```

接下来重启服务，用浏览器打开“explorer”，可以看到，刚才新添加的模型 Ouser 已经存在，并且包含了一系列 REST API。这些 API 是 LoopBack 自动添加的，根据英文注释，不难理解每一个接口的含义。可以直接在 explorer 的界面中创建一个新用户，先找到创建用户的接口，如图8-5所示。

POST /ousers Create a new instance of the model and persist it into the data source.

图 8-5 找到创建用户的接口

在输入框中填写如下内容：

```
//代码 8-16
{
"nickname":"Json"
,"email":"1234@qq.com"
,"password":"12345"
}
```

nickname 是模型 Ouser 的一个属性。另外两个是基类 User 自带的属性。然后单击“Try it out”，返回如下内容：

```
//代码 8-17
{
  "nickname": "Json",
  "email": "1234@qq.com",
  "id": 1
}
```

这代表新创建了一个用户。接下来调用 Ouser 的 /ousers/login 方法，试着尝试使用邮箱和密码登录。在 credentials 输入框输入如下内容：

```
//代码 8-18
{
  "email":"1234@qq.com"
  ,"password":"12345"
}
```

单击“发送”按钮，将返回如下数据：

```
//代码 8-19
{
  "id": "F7IliK3irck8ILWkAdEucYGoXw67j50GTYKIsurYx1EuZb61QcohEsAxcq
Lw0RMS",
  "ttl": 1209600,
  "created": "2016-07-24T06:20:28.436Z",
  "userId": 1
}
```

这代表已经登录成功，并返回一个此用户的 Token 信息。目前服务使用的是基于 memory 存储方案，服务重启，数据丢失。复制这个 Token 信息，将它复制到如图8-6所示的输入框，然后单击Set Access Token按钮。

图 8-6　复制到输入框

接着，点开 get /ousers/{id} 这个接口，在“id”对应的输入框输入1，单击Try it out按钮，将返回这个“id”为1的用户对应的信息。

以上过程演示了注册、登录和根据有效 Token 访问用户信息的步骤。而真正用于实际的步骤比这个要复杂一些。现在回过头再来看看模型是怎么添加的，在 model-config.json 中，我们添加了如下内容：

```
//代码 8-20
  "Ouser":{
    "dataSource": "db",
    "public": true
  }
```

dataSource 字段的内容是 db，表示 Ouser 使用名称为 db 的数据源。这个数据源在同级目录的 datasources.json 中定义，这个文件的内容如下：

```
//代码 8-21
{
  "db": {
    "name": "db",
    "connector": "memory"
  }
}
```

connector 字段的值为 memory，它代表基于内存的持久化。刚才创建的新用户和对数据的任何修改，服务重启之后都将消失。在实际的使用中，服务的数据源应该来自可持久化的数据库。例如可修改为一个使用MongoDB 存储的数据源，为这个文件添加如下内容：

```
//代码 8-22
{
```

```
  "db": {
    "name": "db",
    "connector": "memory"
  },
  "mongods": {
    "host": "localhost",
    "port": 27017,
    "url": "mongodb://name:pass@localhost:27017/dbname",
    "database": "dbname",
    "username": "name",
    "password": "pass",
    "name": "mongods",
    "connector": "mongodb"
  }
}
```

url 字段中的“name”“pass”和“dbname”以实际的为准。database 字段代表数据库名称，username 代表MongoBD的用户名，password 是数据库连接密码。使用 MongoBD做存储，需要先安装MongoBD的连接器，在工程根目录下运行

```
npm install --save loopback-connector-mongodb
```

这样，在服务启动后，LoopBack 根据这个配置文件给出的连接 url，自动去连接 MongoBD 数据库。我们希望所有的模型使用MongoBD作为数据源，那就需要全面地修改 model-config.json。修改后如下：

```
//代码 8-23
{
```

```
"_meta": {
  "sources": [
    "loopback/common/models",
    "loopback/server/models",
    "../common/models",
    "./models"
  ],
  "mixins": [
    "loopback/common/mixins",
    "loopback/server/mixins",
    "../common/mixins",
    "./mixins"
  ]
},
"User": {
  "dataSource": "mongods",
  "public":false
},
"AccessToken": {
  "dataSource": "mongods",
  "public": false
},
"ACL": {
  "dataSource": "mongods",
  "public": false
},
```

```
  "RoleMapping": {
    "dataSource": "mongods",
    "public": false
  },
  "Role": {
    "dataSource": "mongods",
    "public": false
  },
  "cool": {
    "dataSource": "mongods",
    "public": true
  },
  "Ouser":{
    "dataSource": "mongods",
    "public": true
  }
}
```

可见，修改数据源只需要将这些模型的dataSource都改为mongods。

loopback-connector-mongodb模块依赖MongoBD的官方Node驱动MongoBD模块。在程序中，我们可以直接使用官方驱动操作数据库，这也极为方便。下面是使用MongoBD模块连接数据库并创建集合的例子。

```
//代码 8-24
//A simple example showing the creation of a collection.
var MongoClient = require('mongodb').MongoClient,
  test = require('assert');
MongoClient.connect('mongodb://localhost:27017/test', function(err,
db) {
  test.equal(null, err);
  //Create a capped collection with a maximum of 1000 documents
   db.createCollection("a_simple_collection", {capped:true,
size:10000, max:1000, w:1}, function(err, collection) {
    test.equal(null, err);

    //Insert a document in the capped collection
    collection.insertOne({a:1}, {w:1}, function(err, result) {
      test.equal(null, err);
      db.close();
    });
  });
});
```

官方驱动原生支持 Promise 和 ES6 Generator，其官网 API 文档对每一个接口的说明非常详尽。建议读者访问 http://mongodb.github.io/node-mongodb-native/2.1/api/ 了解更多。

8.4　初始化数据库

使用MongoBD作为可持久化的数据源，最开始启动服务的时候，这个数据库为空。还记得 LoopBack 在启动时会到 server/root 目录下依次加载 JavaScript 文件。因此也可以将初始化数据库的代码放入这个目录内。当启动服务时，JavaScript 文件自动执行。但需要注意的是，这类初始化代码只需要执行一次，因此当数据库初始化完毕之后，要把文件名后缀的 js 去掉，防止以后重复执行。在 server/root 目录下，新添加一个文件 initmongo.js，内容如下：

```
// 代码 8-25
module.exports = function(app) {
  var mongoDs = app.dataSources.mongods;
  mongoDs.automigrate('AccessToken', function(err){
    if(err) throw err;
  });
  mongoDs.automigrate('Ouser', function(err){
    if(err) throw err;
    var Ouser = app.models.Ouser;
    var Role = app.models.Role;
    var RoleMapping = app.models.RoleMapping;
    Ouser.create([
      {username: 'admin', email: 'admin@e.com', password: '12345',
emailVerified: true}
      ], function(err, users) {
      if (err) throw err;
```

```
      mongoDs.automigrate('Role', function(err){
        if(err) throw err;
        mongoDs.automigrate('RoleMapping', function(err){
          if(err) throw err;
          var userid = users[0].id;
          Role.create({
          name: 'admin'
          }, function(err, role) {
            console.log('Created role:', role);
            role.principals.create({
            principalType: RoleMapping.USER
            , principalId: userid
            }, function(err, principal) {
            if (err) throw err;
              console.log('Created principal:', principal);
            });
          });
        });
      });
    });
  });
};
```

代码段8-25创建了 AccessToken、Role、RoleMapping 和 Ouser 这几张表，表名字与model-config.josn文件中的模型名称一致。前三个模型是 LoopBack 预定义的。AccessToken 用于保存用户登录后的 Token 信息。Role 和 RoleMapping 用于权限控制。上述代码创建了 Role 表，并添加了一个角色 admin。然后在 RoleMapping 中，将权限角色 admin 与 Ouser 表中新创建的用户关联起来。此用户登录成功之后，就可以访问用 admin 限定的接口，例如将之前的test接口做如下限制：

```
{
  "accessType": "EXECUTE",
  "principalType": "ROLE",
  "principalId": "admin",
  "permission": "ALLOW",
  "property": "test"
}
```

用户登录成功之后，服务端向浏览器返回其有效 Token，程序中可以将这个 Token 保存到域名所在的 cookie 中，这样以后的 http 访问请求就会自带这个 Token 信息，LoopBack 根据这个 Token 信息，从 AccessToken 中反查出用户ID，如果 Token 有效，此用户就拥有了 $authenticated 角色，可以访问被 $authenticated 限定的接口。例如可以修改 ouser.js，在登录成功后，把这个 cookie 植入用户浏览器。

```
// 代码 8-26
module.exports = function(Ouser) {
    Ouser.afterRemote('login', function (context, result, next) {
      var res = context.res;
      if ( result && result.id ) {
              res.cookie('authorization', result.id, { maxAge:
1000*60*60*24*14*6, httpOnly: true
                ,signed: true, domain: '.domain.com' });
      }
```

```
        return next();
    });
};
```

当然，出于安全考虑，应该对保存在用户本地的 cookie 信息加密。这可以使用 cookie-parser 这个中间件来完成。

8.5 钩子机制

上一节结尾的代码用到了 LoopBack 的钩子机制。LoopBack 的钩子分为两种。

（1）接口调用执行前和执行后，分别对应 beforeRemote 和 afterRemote。

（2）CRUD 操作前或后，注册的方法被执行。主要有：

- access；
- before save；
- after save；
- before delete；
- after delete。

CRUD 是增加、读取查询、更新、删除的简称。

这两种钩子使用起来都不复杂。上面的代码 afterRemote 就是使用第一种钩子的场景。在本章前面的部分，用例子演示了注册、登录的过程。在实际的邮箱注册逻辑中，用户单击“注册”之后，应该给用户注册时填写的邮箱发送一封邮件。用户收到邮件后，单击“连接”，才能激活这个账户。而发送邮件的时机，应该是把用户的注册信息写到表 Ouser 之后。我们可以利用钩子机制，在创建用户之后，执行一个函数，发送一封确认邮件。

```
// 代码 8-27
Ouser.afterRemote('create', function (ctx, result, next) {
   if(!ctx.result.emailVerified && !ctx.result.username){
      let subject = '注册邮件';
       let template = path.resolve(path.join(__dirname, '..', '..',
'client','templates', 'verify.ejs'));
      ctx.result.verify({
      type:'email',
      from:'admin@domain.com', //发送邮箱
      to:ctx.result.email,     //用户邮箱
      subject:subject,
      template: template
      }, function (err, data){
        if(err){
          console.error(err);
        }
        next();
      });
   }else{
      next();
   }
});
```

为了能够收发邮件，需要使用 LoopBack 的一个基础模型 Email 并增加相应的邮件配置，在 model-config.json 文件中增加如下代码：

```
//代码 8-28
"Email": {
    "dataSource": "emailds"
  }
```

然后在datasources.json中增加邮件配置信息，内容如下：

```
//代码 8-29
"emailds": {
    "name": "emailds",
    "connector": "mail",
    "transports": [
      {
        "type": "smtp",
        "host": "the email host",
        "secure": false,
        "port": 25,
        "auth": {
          "user": "your email",
          "pass": "your pass"
        }
      }
    ]
  }
```

8.6　中间件

server 目录下有一个配置文件 middleware.json，LoobBack 增加了中间件执行序列的概念，这可以严格地定义中间件函数的调用顺序。LoopBack 预定义的阶段包含以下几个。

（1）initial：中间件最早在这个阶段执行；

（2）session：准备会话对象；

（3）auth：权限认证；

（4）parse：解析请求体；

（5）routes：路由请求；

（6）files：对静态文件的请求；

（7）final：错误处理。

每一个阶段又可分成3个子阶段，例如auth阶段，可分为以下3个阶段。

（1）"auth:before":{}；

（2）"auth":{}；

（3）"auth:after":{}。

在一次请求中，这些阶段自上而下依次执行。举一个例子来说明如何在这个文件中添加中间件。对于404错误，我们希望返回一个404页面。final 用来处理错误，因此可以在这个阶段，添加一个处理404错误的中间件。

```
//代码 8-30
"final": {
    "./error404.js":{}
  }
```

在同级目录下，新建这个文件，文件的内容如下：

```
// 代码 8-31
module.exports = function(options) {
  return function raiseUrlNotFoundError(req, res, next) {
    var error = new Error('Cannot ' + req.method + ' ' + req.url);
    error.status = 404;
//------------------ max custom 404 ------//
   if (req.accepts('html, text/html')) {
        console.log( "404 ERR! " );
        return res.sendFile('404.html', { root: __dirname + './../
client/public/html/' });
    }
//----------------------------------------//
    next(error);
  };
}
```

之后，不要忘了在 client/public/html 目录下包含一个 404.html 的文件。

再比如，在解析请求体阶段，可以添加自动对JSON或URLEncoded 编码的字符串进行解析的中间件。

```
//代码 8-32
"parse": {
    "body-parser#json": {},
    "body-parser#urlencoded": {"params": { "extended": true }}
}
```

除了可以在配置文件middleware.json中静态地注册中间件，LoopBack还支持在程序文件中调用其API注册某一个阶段执行的中间件。例如，在server.js文件中，为final阶段注册一个中间件。

```
// 代码 8-33
app.middleware('final', function(){
    //…
 });
```

这种写法的好处是，可以将形式更加复杂的参数传给中间件处理函数。

8.7 模型关系

在程序中可以定义很多模型，这些模型可能存在一些关系。例如一个用户可能在多处登录，因此可以存在多个有效的 Token信息。也就是说 User 模型的一个用户对应 AccessToken 模型的多份数据，而 AccessToken 里面的任意一个元素只属于 User 中某一个用户。User 和 AccessToken 这两个模型是 LoopBack 自带的，用户可以进入 LoopBack 模块文件夹的 common/models 目录下，查看这两个模型的JSON文件，在 user.json 文件末尾，可以看到如下内容：

```
//代码 8-34
"relations": {
  "accessTokens": {
    "type": "hasMany",
    "model": "AccessToken",
    "foreignKey": "userId",
    "options": {
      "disableInclude": true
```

```
      }
    }
}
```

type 字段的“hasMany”代表 User 与 AccessToken 是一对多的关系，User 是主模型。foreignKey 代表了这两个模型之间的关联键，也就是 User 表的“id”作为 AccessToken 的外键，名称是userId。在access-token.json 文件末尾，可以看到类似的内容：

```
//代码 8-35
"relations": {
    "user": {
      "type": "belongsTo",
      "model": "User",
      "foreignKey": "userId"
    }
  }
```

belongsTo 代表它是 User 的从属模型，userId 作为外键，其值为对应 User 元素的 id。

一旦定义了模型之间的关系，LoopBack 会为我们自动生成一系列的 REST API 接口，例如可以使用 Ouser 模型中的接口，得到 AccessToken 模型的数据。如图8-7所示显示了这些生成的接口。

GET	/ousers/{id}/accessTokens	Queries accessTokens of Ouser.
DELETE	/ousers/{id}/accessTokens	Deletes all accessTokens of this model.
POST	/ousers/{id}/accessTokens	Creates a new instance in accessTokens of this model.
GET	/ousers/{id}/accessTokens/count	Counts accessTokens of Ouser.
PUT	/ousers/{id}/accessTokens/{fk}	Update a related item by id for accessTokens.
DELETE	/ousers/{id}/accessTokens/{fk}	Delete a related item by id for accessTokens.
GET	/ousers/{id}/accessTokens/{fk}	Find a related item by id for accessTokens.

图 8-7　生成的接口

例如想获取某一个用户“id”的所有 Token 信息，就可以使用图8-7展示的第一个接口获取。

```
//代码 8-36
[
  {
    "id": "9g9SCL6LAFPy20WLf7u0Q2KIAcgXv8Nfur3BxHs7xq1501UzBNcJYNlD
RmbXSmrh",
    "ttl": 7257600,
    "created": "2016-05-22T08:43:56.380Z",
    "userId": "56e9853decfd499b641b82a1"
  },
  {
    "id": "BtFnIenOd003UmGmFxJs6f6bcaeIBvcyD5q94zpxoQ5nv9ojUQqmRJ3r
AbH9oU5n",
    "ttl": 7257600,
    "created": "2016-05-22T08:44:38.014Z",
    "userId": "56e9853decfd499b641b82a1"
  }
]
```

8.8 使用cluster模式运行服务

因为HTTP是无状态的，因此可以启动多个平行的服务进程并行处理HTTP请求。

cluster-works 模式的另一个好处是，主进程是所有 work 进程的父进程，work 的异常退出，主进程都可以捕获到并报警。cluster 模块是 Node 原生支持的模块。我们在 server 目录下，添加一个文件 cluster.js，文件内容如下：

```
// 代码 8-37
var cluster = require('cluster');
var workers = {};
var WorkersLen = function (){
  var len = 0;
  for(var id in workers){
     ++len;
  }
  return len;
};
var createWorker = function (){
    var worker = cluster.fork();
    workers[worker.id] = worker;
    worker.on('exit', function(code){
      delete workers[worker.id];
    });
    worker.on('message', function(msg){
      do {
          if(msg.cmd === 'suicide'){
            createWorker();
            break;
          }
```

```
      }while(false);
    });
};
function StartWorkers() {
    var n = 0;
    require('os').cpus().forEach(function(){
      createWorker();
    });
}
if(cluster.isMaster){
  StartWorkers();
  process.on('exit', function(){
    for(var id in workers){
      workers[id].kill();
    }
  });
}else{
  require('./server.js').start();
}
```

以上代码包含了 work 进程与主进程的通信。Node 进程之间使用 UNIX 域套接字通信，这是一种非常高效的方式。主进程监听了 message 事件，回调函数的参数是一个JSON对象。可以根据这个JSON对象的内容，区分这个事件的不同类型，并分别处理。

接下来还需要稍微修改一下 server.js 文件。在文件末尾，曾为 server.js 添加了如下代码：

```
// 代码 8-38
process.on('uncaughtException', function (err){
```

```
  console.error('uncaughtException: %s', err.message);
});
```

现在希望遇到这个未捕获异常时，除了打印出异常信息之外，程序能够“优雅”地退出，而不是在某一个时刻崩溃掉。于是将上述代码修改如下：

```
// 代码 8-39
process.on('uncaughtException', function (err){
  console.error('worker uncaughtException: %s', err.message);
  var worker = require('cluster').worker;
  if(worker){
     process.send({ cmd: 'suicide', stack: err.stack, message:err.
message});
    setTimeout(function(){
      process.exit(1);
    }, 500);
  }
});
```

当子进程收到一个未捕获异常时，就向父进程发送一个 message 事件，并附上异常信息，500ms之后退出。父进程收到这个类型为 suicide 的 message 事件之后，立即重新启动一个 work。事实上，cluster.js 文件内还可以处理更多的逻辑。但无论如何，cluster.js 的代码都该越简单越好，它的稳定性应该与 Node 引擎一致。我们可以再结合 PM2 工具运行 cluster.js，PM2 可以保证 cluster.js 的运行，这样可以进一步提供服务健壮性。

参考资料

https://docs.strongloop.com/display/SL/Installing+StrongLoop

第9章
编写C++扩展

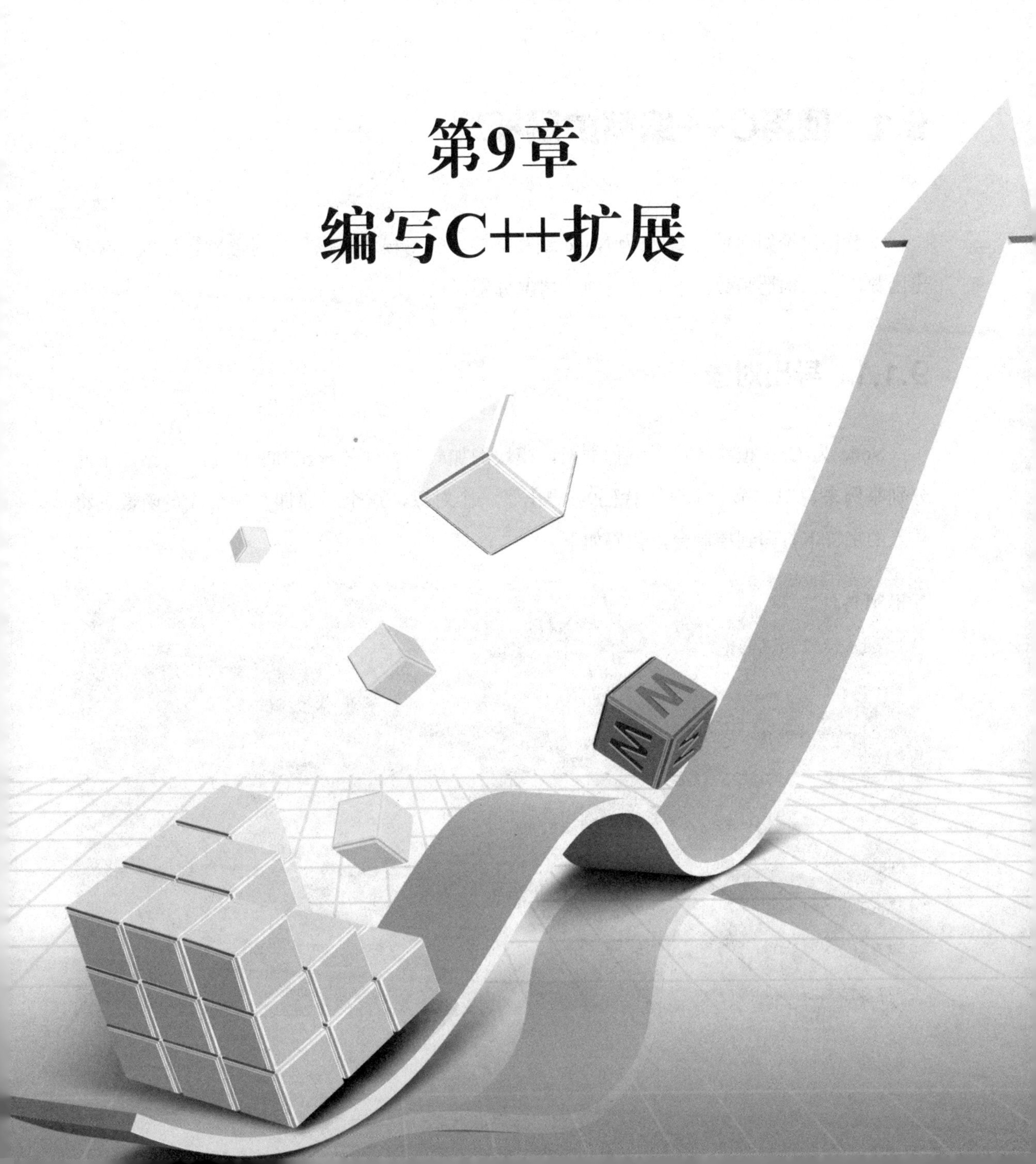

本章的内容主要包含 C++ 扩展 Node 的方法，其中介绍了 C++ 模块的相关知识。在涉及底层扩展或对效率要求极高的场景，应该考虑使用 C++ 编写模块。

9.1 使用C++编写扩展模块

本节将讨论如何使用 C++ 为 Node 编写扩展。C++ 模块可以导出对象，也可以直接导出函数，包括构造函数。下面就这两种情况分别讨论。

9.1.1 导出对象

Node 为 C++ 模块提供了编程框架，模块的加载、方法的导出都有固定的套路。下面分别举例来说明。第一个例子代码9-1导出了一个对象，这个对象拥有一个成员函数，将传入的字符串打印到控制台，代码如下：

```
// 代码 9-1
#include <node.h>
#include <v8.h>
#include <stdlib.h>
#include <string>
using v8::HandleScope;
using v8::Isolate;
using v8::Local;
using v8::Object;
using v8::Value;
```

```
static void Say(const v8::FunctionCallbackInfo<v8::Value>& args) {
  v8::Isolate* isolate = args.GetIsolate();
  v8::HandleScope scope(isolate);
  if (args.Length() != 1 || !args[0]->IsString() ) {
    isolate->ThrowException(v8::Exception::TypeError(
        v8::String::NewFromUtf8(isolate, "param error")));
    return;
  }
  v8::String::Utf8Value info(args[0]);
  std::string strinfo = *info;
  printf("%s\n", strinfo.c_str());
}
void init(v8::Local<v8::Object> target) {
  NODE_SET_METHOD(target, "say", Say);
}
NODE_MODULE(binding, init);
```

将上述代码保存到 src 目录下，文件名为 binding.cc。

当第一次 require 这个模块的时候，Node 开始加载此模块，并执行 init()函数。宏 NODE_SET_METHOD 为模块对象 target 挂载 say()方法。JavaScript 代码中执行 say()方法会进入 Say()函数。Say()函数的前两行通常出现在同类型的函数中。Isolate 对象代表 V8 引擎的一个实例，好比开了一台虚拟机。V8 还有一个概念叫 Context，一个引擎的实例可以创建多个 Context 实例，并且彼此相互隔离，如同一台虚拟机运行了多个进程。第二行初始化了一个 HandleScope 类型对象，它的作用是在本地调用栈退出时，集中删除它所维护的 Handle 对象。HandleScope 有一个子类叫 EscapableHandleScope，其用于函数的返回值是一个 V8 对象的场景。就上面的例子而言，并非一定要创建 scope 对象，因为代码中没有创建新的 V8 对象，只是用了 args 传进来的参数。

接下来进行了参数合法性检查，要求只接收一个类型为字符串的参数，否则抛出异常。最后取到用户传进来的字符串并将其打印出来。

下一步编译上述代码，在模块根目录下再编辑一个名为 binding.gyp 的文件，内容如下：

```
//代码9-2
{
  'targets': [
    {
      'target_name': 'binding',
      'sources': [ 'src/binding.cc' ]
    }
  ]
}
```

target_name 是指要生成的模块名，binding.cc 为 C++ 源码文件名。运行 node-gyp rebuild，开始编译。

使用这个模块的方式也很简单，在同级目录下创建一个 test.js 的文件，代码如下：

```
//代码9-3
var binding = require('./build/Release/binding.node');
binding.say('hello world');
```

运行该文件，结果如下：

```
hello world
```

9.1.2 导出函数

在第5章 V8 引擎内容中，提到了一个 dropbuffer 的模块，用来说明 V8 引擎增量标记算法的执行时机。这个模块导出一个函数，不妨还以它为例，代码如下：

```
// 代码 9-4
#include <stdlib.h>
#include <node.h>
#include <v8.h>
#include <node_buffer.h>
using v8::ArrayBuffer;
using v8::HandleScope;
using v8::Isolate;
using v8::Local;
using v8::Object;
using v8::Value;
using v8::Uint8Array;
inline bool HasInstance(Local<Object> obj) {
  return obj->IsUint8Array();
}
void Method(const v8::FunctionCallbackInfo<v8::Value>& args) {
  Isolate* isolate = args.GetIsolate();
  HandleScope scope(isolate);
  Local<Object> buf = args[0].As<Object>();
  if(!HasInstance(buf))
    return;
```

```
  Local<Uint8Array> array = buf.As<Uint8Array>();
  if (array->Buffer()->GetContents().ByteLength() <= 8 * 1024
    || array->Buffer()->IsExternal())
    return;
   int64_t change_in_bytes = -static_cast<int64_t>(array->Buffer()-
>GetContents().ByteLength());
  ArrayBuffer::Contents array_c = array->Buffer()->Externalize();
  free(array_c.Data());
  isolate->AdjustAmountOfExternalAllocatedMemory(change_in_bytes);
}
void init(v8::Local<v8::Object> exports, v8::Local<v8::Object> module) {
  NODE_SET_METHOD(module, "exports", Method);
}
NODE_MODULE(binding, init);
```

对比导出对象，发现 init()函数的参数类型变了。require 这个模块时，直接获取的是导出的函数对象。HasInstance()函数用来检测第一个参数是否是 Uint8Array 类型的对象。一般而言，写的 C++ 模块不会直接暴露给用户，将上述文件保存在 src 目录下，然后新建一个 lib 目录继续编写一个 JavaScript 文件，代码如下：

```
// 代码 9-5
var dropBuffer = require('../build/Release/binding.node');
module.exports = function(obj){
  if(typeof obj == 'object')
      dropBuffer(obj);
}
```

这段代码也导出了一个函数，给用户调用的是这个 JavaScript 文件导出的函数，它首先判断传过来的第一个参数是否为一个对象，这样可以保证在 C++ 代码中，args[0].As<Object>()符合预期。

9.1.3 导出构造函数

导出构造函数用于 JavaScript 与 C++ 深度交互的场景。虽然在C++函数中能够取到 JavaScript 传进来的对象，也能够使用 V8 提供的接口存取对象属性，但有时希望 JavaScript 对象能够与一个堆上分配的 C++ 对象关联起来，它们分别维护着JavaScript 层面和 C++ 层面的状态信息。在处理一些复杂的异步逻辑时，常常需要这样做。例如第1章讲解的HTTP请求过程，net.js 文件中创建的 TCP 对象代码如下：

```
// 代码 9-6
function createTCP() {
  var TCP = process.binding('tcp_wrap').TCP;
  return new TCP();
}
```

这个对象被创建时会进入 C++ 定义的构造函数，此函数中创建了一个类型为 TCPWrap 的 C++ 对象，并与 JavaScript 对象关联。TCPWrap 对象维护着底层的状态信息，并提供了读写 socket 的方法。在异步请求过程中，这类对象还起到维护上下文的作用。

接下来先举一个简单例子，代码如下。更复杂和有用的例子在本章后面将会介绍。

```
// 代码 9-7
#include <stdlib.h>
#include <string>
```

```
#include <node.h>
#include <v8.h>
#include <uv.h>
struct SomeWrap {
public:
  SomeWrap(){
    state = "node is fast";
  }
  ~SomeWrap(){
    printf("call destructor\n");
  }
  std::string state;
};
static v8::Persistent<v8::FunctionTemplate> persistent_;
void Wrap(v8::Local<v8::Object> object){
  object->SetAlignedPointerInInternalField(0, new SomeWrap());
}
void *Unwrap(v8::Local<v8::Object> object){
  return object->GetAlignedPointerFromInternalField(0);
}
static void State(const v8::FunctionCallbackInfo<v8::Value>& args) {
  v8::Isolate* isolate = args.GetIsolate();
  v8::HandleScope scope(isolate);
  SomeWrap * ps = static_cast<SomeWrap*>(Unwrap(args.Holder()));
  if(!ps) return;
  std::string strinfo = ps->state;
```

```
   args.GetReturnValue().Set(v8::String::NewFromUtf8(isolate,
strinfo.c_str()));
}
static void New(const v8::FunctionCallbackInfo<v8::Value>& args){
  assert(args.IsConstructCall());
  v8::Isolate* isolate = v8::Isolate::GetCurrent();
  v8::HandleScope handle_scope(isolate);
  Wrap(args.This());
  do{
      v8::Local<v8::FunctionTemplate> t = v8::FunctionTemplate::New(
        isolate,
        State,
        v8::Local<v8::Value>(),
        v8::Signature::New(isolate, *reinterpret_cast<v8::Local<v8:
:FunctionTemplate>*>(
                 const_cast<v8::Persistent<v8::FunctionTemplate>*>(
&persistent_))));
        v8::Local<v8::Function> fn = t->GetFunction();
        v8::Local<v8::String> fn_name = v8::String::NewFromUtf8(iso
late, "state");
        fn->SetName(fn_name);
        args.This()->Set(fn_name, fn);
  }while(false);
}
static void Close(const v8::FunctionCallbackInfo<v8::Value>& args) {
  delete static_cast<SomeWrap*>(Unwrap(args.Holder()));
```

```
  args.Holder()->SetAlignedPointerInInternalField(0, NULL);
}
template <typename TypeName>
inline void NODE_CREATE_FUNCTION(const TypeName& target) {
    v8::Isolate* isolate = v8::Isolate::GetCurrent();
    v8::HandleScope handle_scope(isolate);
    v8::Local<v8::FunctionTemplate> t = v8::FunctionTemplate::New(i
solate,
      New);
    t->InstanceTemplate()->SetInternalFieldCount(1);
    t->SetClassName(v8::String::NewFromUtf8(isolate, "New"));
    NODE_SET_PROTOTYPE_METHOD(t, "close", Close);
    target->Set(v8::String::NewFromUtf8(isolate, "New")
      , t->GetFunction());
    persistent_.Reset(isolate, t);
  }
#define NODE_CREATE_FUNCTION NODE_CREATE_FUNCTION
void Init(v8::Local<v8::Object> target) {
  NODE_CREATE_FUNCTION(target);
}
NODE_MODULE(binding, Init)
```

这段代码最值得关注的是函数 NODE_CREATE_FUNCTION 内部对 SetInternalFieldCount 这个成员函数的调用：

```
t->InstanceTemplate()->SetInternalFieldCount(1);
```

这意味着，使用此构造函数创建的 JavaScript 对象，在 C++ 层面可以存取一个额外值。如果不这样设定，后续在调用相关函数的时候将会报错。在构造函数 New 执行时，使用 new 操作符创建了一个 SomeWrap 对象，并将其与正在构造的 JavaScript 对象关联起来。

```
Wrap(args.This());
```

编译之后，再写一段 JavaScript 代码，代码如下。调用这个模块看一下效果，然后再继续下面的探讨。

```
// 代码 9-8
var binding = require('./build/Release/binding.node');
var object = new binding.New();
console.log(object);
var state = object.state();
console.log(state);
object.close();
object = null;
```

运行之后，打印出的结果如下：

```
New { state: [Function: state] }
node is fast
call destructor
```

从运行结果的第一行可以看出，对象 object 的构造函数是 New，此对象包含一个属性，是一个名为 state 的成员函数，调用这个成员函数返回一个字符串。最后调用 close 函数，释放内存。如果不调用 close，object 被赋值为 null 之后，对象生命期终结，其能够被 V8 的 GC 回收。但与之关联的 SomeWrap 对象却并不能被释放，这会造成内存泄漏。

为进一步说明，这里写一段功能相同的 JavaScript 代码模拟以上 C++ 版构造函数 New，代码如下：

```
// 代码 9-9
function New(){
    this.state = function(){
        return "返回与C++关联的对象状态";
    }
}
New.prototype.close = function (){
  console.log("释放内部对象")
}
```

在JavaScript 代码中，在构造函数的 prototype 属性上定义函数 close，与用宏 NODE_SET_PROTOTYPE_METHOD 起的作用一致。而 state 函数的定义，则是在构造对象的过程当中进行的。

在阅读上述代码时，读者可能会问 args.This() 与 args.Holder() 代表什么以及它们的区别。事实上，JavaScript 函数运行时有一个隐含的 this 变量，代表当前的上下文对象。args.This() 得到的就是这个上下文对象。例如在 New 函数中，args.This() 得到的就是正在被构造的对象。Holder 的含义稍微复杂一些。我们看一个例子，代码如下所示：

```
// 代码 9-10
var binding = require('./build/Release/binding.node');
var object = new binding.New();
```

```
var x = {};
x.close = object.close;
x.close();
```

以这种方式调用，close 函数的上下文环境将是 x，显然是错误的。为避免此类用法，V8 需要判断这类函数的上下文对象是否为相应函数模板的实例，它是利用 Signature 对象判断的。如果发现上下文对象不符合预期，则V8会抛出异常。最早，Google 论坛有人解释了 Holder 的用法，并给出一个例子，代码如下所示：

```
// 代码 9-11
var x = { }
x._proto_ = document;
var div = x.createElement('div');
```

这是一段前端代码。虽然 x 不是预期的上下文对象 document，但其原型对象是 document。因此以 x 调用 createElement 似乎是没有问题的。Holder 的含义是，V8 会搜寻原型链，直到找到预期的对象，即 Signature 代表的函数模板的实例，此实例使用 Holder 获得。根据这个解释，我们预期如下代码所示的一段HTML代码能够正常运行。

```
// 代码 9-12
<!DOCTYPE html>
<html><head><meta name="renderer" content="webkit">
<meta charset="utf-8">
<title>test页面</title></head>
<body>
<script type="text/javascript">
  window.onload = function(){
      var ojb = {};
```

```
        ojb._proto_ = document
        var div = ojb.createElement('div');
        console.log(div)
    }
</script>
</body></html>
```

使用 Chrome 浏览器打开这个网页，发现还是有错误。因此这样看来，使用 C++ 函数模板创建的实例，只能在本对象上调用成员函数。

V8 提供了一个时机，当 JavaScript 对象被 GC 回收时，会触发一次回调函数的执行，当然前提是此回调函数事先被设置。可以利用这个时间做一些清理工作。这样即使不调用 close 函数，也能保证堆外内存的释放。这与 Java 的 finalize 方法起的作用类似，但 V8 的这个机制只能在 C++ 层面使用，JavaScript 语言层面不可见。

在 src 目录下，新建一个头文件，命名为 callbackinfo.h，编辑如下代码所示的内容。

```
// 代码 9-13
#ifndef CALLBACKINFO
#define CALLBACKINFO
struct SomeWrap {
public:
  SomeWrap(){
    state = "node is fast";
  }
  ~SomeWrap(){
    printf("call destructor\n");
  }
```

```
  std::string state;
};
typedef void(*FreeCallback)(void* data, void* hint);
class CallbackInfo {
public:
  static inline void Free(void* data, void* hint);
  static inline CallbackInfo* New(v8::Isolate* isolate,
    v8::Local<v8::Object> object,
    FreeCallback callback,
    void* hint = 0);
  inline v8::Persistent<v8::Object>* persistent();
private:
   static void WeakCallback(const v8::WeakCallbackData<v8::Object,
CallbackInfo>&);
   inline void WeakCallback(v8::Isolate* isolate,
v8::Local<v8::Object> object);
  inline CallbackInfo(v8::Isolate* isolate,
    v8::Local<v8::Object> object,
    FreeCallback callback,
    void* hint);
  ~CallbackInfo();
  v8::Persistent<v8::Object> persistent_;
  FreeCallback const callback_;
  void* const hint_;
};
void CallbackInfo::Free(void* data, void*) {
```

```
  SomeWrap *p = static_cast<SomeWrap *>(data);
  if (!p) return;
  delete p;
}
CallbackInfo* CallbackInfo::New(v8::Isolate* isolate,
  v8::Local<v8::Object> object,
  FreeCallback callback,
  void* hint) {
  return new CallbackInfo(isolate, object, callback, hint);
}
v8::Persistent<v8::Object>* CallbackInfo::persistent() {
  return &persistent_;
}
CallbackInfo::CallbackInfo(v8::Isolate* isolate,
  v8::Local<v8::Object> object,
  FreeCallback callback,
  void* hint)
  : persistent_(isolate, object),
  callback_(callback),
  hint_(hint) {
  assert(object->InternalFieldCount() > 0);
  persistent_.SetWeak(this, WeakCallback);
  persistent_.MarkIndependent();
}
CallbackInfo::~CallbackInfo() {
  persistent_.Reset();
```

```
}
void CallbackInfo::WeakCallback(
  const v8::WeakCallbackData<v8::Object, CallbackInfo>& data) {
   data.GetParameter()->WeakCallback(data.GetIsolate(), data.
GetValue());
}
void CallbackInfo::WeakCallback(v8::Isolate* isolate,
v8::Local<v8::Object> object) {
  assert(object->InternalFieldCount() > 0);
  void *tmp = object->GetAlignedPointerFromInternalField(0);
  callback_(tmp, hint_);
  object->SetAlignedPointerInInternalField(0, NULL);
  delete this;
}
#endif
```

与此同时，修改 binding.cc，去掉 SomeWrap 类的定义，包含新增的头文件。还要修改 New()函数，其修改之后变为下面代码：

```
// 代码 9-14
static void New(const v8::FunctionCallbackInfo<v8::Value>& args){
  assert(args.IsConstructCall());
  v8::HandleScope handle_scope(v8::Isolate::GetCurrent());
  Wrap(args.This());
  CallbackInfo::New(v8::Isolate::GetCurrent(), args.This(),
        CallbackInfo::Free);
}
```

可见 New()函数末尾新增了一行代码，即调用 CallbackInfo 的静态函数New()。此函数在堆上创建了一个 CallbackInfo 对象。修改完毕之后，运行 node-gyp rebuild，再编辑一个 JavaScript 文件，如下所示：

```
// 代码 9-15
var binding = require('./build/Release/binding.node');
setInterval(function() {
   var object = new binding.New();
   object.quickgc = {
       say:'我爱北京天安门，天安门上太阳升。'
       ,fruit:'葡萄，苹果，西红柿'
         ,other:'the sweet and fleshy product of a tree or other
plant that contains seed and can be eaten as food'
   }
}, 20);
```

上述程序陷入一个循环，每次调用构造函数创建一个新对象，周而复始。为新对象增加了一个 quickgc属性，这有助于使第一次垃圾回收尽早执行。运行上述代码，在笔者机器上，等待了大概2分多钟，控制台终于打印出下面的字符串：

```
call destructor
```

这正是我们预期的结果。

我们并没有调用 close 函数，但 C++ 对象仍然被释放。来看 callbackinfo.h 这个文件是如何起作用的，主要看一下 CallbackInfo 类的构造函数。

```
// 代码 9-16
CallbackInfo::CallbackInfo(v8::Isolate* isolate,
```

```
    v8::Handle<v8::Object> object,
    FreeCallback callback,
    void* hint)
    : persistent_(isolate, object),
    callback_(callback),
    hint_(hint) {
    assert(object->InternalFieldCount() > 0);
    persistent_.SetWeak(this, CallbackInfo::WeakCallback);
    persistent_.MarkIndependent();
}
```

传进来的 object 是正在被构造的对象，用此对象初始化了一个 persistent_ 对象，类型是Persistent<Object>。

Persistent 和 Local 是 V8 中用来管理基础数据和对象的句柄类，用以维护对象的引用计数，以配合垃圾回收器的操作。Local 代表栈上的对象，而 CallbackInfo 对象在堆上分配，其成员的生命期不会因为函数退栈而析构。初始化之后，persistent_ 调用了 SetWeak 函数，传入了 this 指针和一个函数指针。当 JavaScript 对象被 GC 回收时，会调用此函数指针指向的函数。根据参数可以得到原来的 this 指针，也就是 CallbackInfo 对象的地址。对 MarkIndependent 函数调用，使得 persistent_ 对象虽然引用了新创建的 JavaScript 对象，但并不占用它的引用计数。因此在JavaScript 程序中，一旦对象满足垃圾回收的条件，就能够被垃圾回收器回收。

采用这种方式，可以保证 new 出来的 C++ 对象被释放掉，但问题是，C++对象的析构要依赖于垃圾回收（Garbage Collection）的时机，因而一个生命期结束的对象，可能要等很久才被回收。读者如果也运行了上面的 JavaScript 程序，可能要等几分钟才能看到执行析构函数打印出的字符串。因此，写这类扩展时，建议还是提供类似于 close 的函数，手工地维护 C++ 对象的生命期。

9.2 线程模型与CPU密集型任务

Node 的事件驱动机制使得我们的程序都在主线程中运行，但因为完全异步，所以速度极快。Node 启动后，会创建一个线程池，C++ 扩展可以方便地使用，可以用这种方式实现多线程。Node 源代码中有一个 async-hello-world 的例子，演示了在主线程中如何使用线程池，读者可查看示例。这里做一些简略的说明。需要注意的是，函数uv_queue_work()只能在主线程中调用，传给它的第一个参数代表主线程的消息循环。如果在其他线程中这样调用，会产生错误。

对于 CPU 密集型任务，如果仍然使用 Node解决，那么可以采取启动子进程，将耗时计算任务交给子进程去处理。Node 提供了非常易用的跨进程通信机制，并且提供了原生的 cluster 模块，之前在讲解 LoopBack 的时候，提供了一个示例，这里不再赘述。

JavaScript 作为一门脚本语言，只能单线程运行，V8 引擎也没有提供多线程的函数，总会让人觉得有些遗憾。假如 JavaScript 能够创建一个线程对象，并且调用这个对象的成员函数，将任务交给新创建的线程执行，那么便可以在 JavaScript 代码中维护多个线程，并且将任务派给指定的线程。笔者因此编写了这样的一个模块，可以运行

```
npm install --save node-threadobject
```

编译安装。这是一个 C++ 模块，支持 Windows 和 Linux 系统。建议使用本书第2章介绍的容器运行。在下一节，我们将对此模块稍作介绍，然后再介绍一个完整的例子。

9.3 线程对象

我们首先看它的使用方式，此模块的 test 目录内有一个 example.js 文件，这是一个示

例文件，它的内容如下：

```
// 代码 9-17
var Thread = require('node-threadobject');
var thread = new Thread();
thread.delayBySec(1, function(err){
  if(err)
    console.error(err);
  console.log('after one secs');
  thread.close();
  console.log('thread running state: ' + thread.isRunning());
  thread = null;
});
console.log('thread running state: ' + thread.isRunning());
```

node-threadobject 模块导出了一个构造函数。使用 new 操作符会创建一个线程对象 thread，代表一个正在运行的线程。

接下来调用了这个线程对象的方法 delayBySec()。传入的第一个参数是 1，表示延迟1秒。delayBySec()是一个异步过程，不会阻塞主线程。从上述代码的执行结果也可以看出，主线程立即返回

```
thread running state: true
after one secs
thread running state: false
```

在回调函数中，调用了 thread.close()，此函数的作用是关闭新创建的线程，并析构与 thread 对象关联的 C++ 对象。于是紧接着运行 thread.isRunning()，从结果可以看到，已经变成 false。

如果不调用 close 函数，那么线程的回收将依赖于 GC 执行的时机。这里应该手动释放线程，因为线程属于操作系统级的资源，用完应该尽快释放掉。

新创建的线程内部也有一个任务队列，当这个任务队列为空或者延迟任务还没有到时，则线程阻塞，一旦有任务，或者延迟任务到时，则立即执行。调用 delayBySec()相当于给线程的任务队列里增加了一个延迟指定秒数执行的任务。

类似的延迟任务还包括以下几个：

（1）delayByMil()；

（2）delayByMin()；

（3）delayByHour()。

其分别以毫秒、分钟、小时计算。可以利用这些函数编写定时器。setTimeout()函数总是以毫秒计，这使得一个超长的定时器难以简单地实现。这些函数内部使用 64 位整型，使用起来较为方便。

下面再举一个例子，来看看更复杂的应用。将服务写成 cluster 模式有诸多好处。在第8章LoopBack的讲解中，最末尾举了一个 cluster 模式的例子。对于实际的服务，这些 work 进程有打印日志的需求。有时候希望将 work 进程的日志按序打印到一个文件中，而不是多个进程“各自为政”，如图9-1所示。

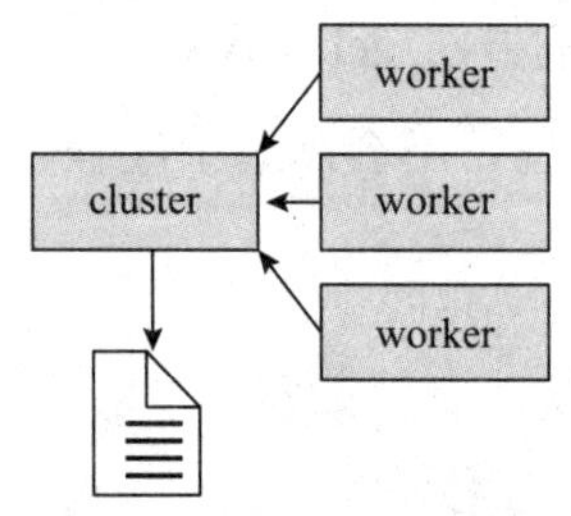

图 9-1　work进程的日志打印到同一个文件中

下面编写两个 JavaScript 文件，分别命名为 cluster.js 和 worker.js，内容分别如下：

```
// 代码 9-18
//this is cluster.js
```

```
var cluster = require('cluster');
var Thread = require('node-threadobject');
var path = require('path');
var thread = new Thread();
var workers = {};
//设置刷新时间
thread.set_delay(1);
var WorkersLen = function (){
  var len = 0;
  for(var id in workers){
     ++len;
  }
  return len;
};
thread.initPrint(path.join(_dirname
    , 'message.dat'), function(err, msg){
    if(err) console.error(err);
    else
    ;
});
function StartWorkers(){
  var n = 0;
  for(; n < 4; ++n){
    createWorker();
  }
}
```

```
var createWorker = function (){
    var worker = cluster.fork();
    workers[worker.id] = worker;
    worker.on('exit', function(code){
      delete workers[worker.id];
      var len = WorkersLen();
      if(len == 0) {
        console.error('no one worker');
      }
    });
    worker.on('message', function(msg){
      do {
          if(msg.cmd == 'log'){
            thread.printLog(msg.content, function(err, msg){
              if(err) console.error(err);
            });
            break;
          }
      }while(false);
    });
};
if(cluster.isMaster){
  StartWorkers();
}else{
  require('./worker.js');
}
```

```
// 代码 9-19
//this is worker.js
var worker = require('cluster').worker;

setInterval(function(){
  if(worker){
    process.send({ cmd: 'log', content :'world peace!'});
  }
}, 30)
```

worker.js 模拟落日志的请求，30ms一次。运行 cluster.js，在同级目录下，生成message.dat，里面包含所有日志信息。

4个子进程同时向父进程发送消息，由父进程统一打印到一个文件中，虽然方便管理日志，但效率如何，如图9-2所示是笔者电脑上的一次运行情况，可以看到 CPU 和内存的占用率。

映像名称	PID	内存(专用工...	CPU
node.exe	9668	9,212 K	00
node.exe	10444	9,332 K	00
node.exe	10648	9,536 K	00
node.exe	11056	9,088 K	00
node.exe	12296	9,332 K	00

图 9-2　运行情况

这是在 Windows 7 系统下的一次测试结果，PID 为“10648”的 Node 进程是主进程，其余4个是子进程。主进程同时处理密集的日志打印请求，内存与 CPU 占用均比较正常。

这种用C++的手段进行多线程编程的方式，即便在使用现有的上述代码框架的情况下，还需要增加新的CPU密集型函数，除非非常熟悉C++，否则仍然很困难。为此，我们实现了另外一个解决方案，它是muti-thread模块。这个模块的特点是，用户只需要用JavaScript编写函数，借助此模块提供的能力，便可轻松地将JavaScript编写的代码交给新创建的线程运行，并将最终的计算结果抛给主线程。关于这部分内容，读者可参考本章的参考资料（3）。

9.4 本章结语

真诚希望本书的内容对读者理解并运用Node这门技术有所帮助，笔者也希望本书呈现出了Node技术的优雅和深度。笔者相信 Node 是未来的 Web 技术标准，它的编程思想已经超越了语言层面，是一种理念上的提升。JavaScript 语言本身的易用性，使得这门技术上手容易。其背后的 V8 引擎与 C++ 技术，又使其可以在底层做精深，这也是这门技术的魅力所在。恰似一个人，外表优雅，容易相处，相处之后，读者会发现，它从不肤浅，却有极深的内涵。读者在阅读本书的过程中，如遇到技术问题，请联系笔者。如果您在阅读中发现了本书的错误或不足之处，也请向笔者指出。

参考资料

（1）https://groups.google.com/forum/#!topic/v8-users/Axf4hF_RfZo

（2）http://docs.libuv.org/en/v1.x/index.html

（3）https://www.npmjs.com/package/muti-thread

附录

附录 A　JavaScript 严格模式

阿特伍德（Atwood's Law）定律：任何能用 JavaScript 实现的应用，最终都将会用 JavaScript 实现。

JavaScript 从最初仅仅用于增强网页显示效果的“小花招”，发展到现在，成为横跨前端、后台、Web 桌面应用等领域的全栈式语言，可谓是语言界里“咸鱼翻身，屌丝逆袭”的典范，就是它的发明人 Brendan Eich 也没想到这门语言能发展到今天这个地步。而随着云时代的到来，Google 公司开发的基于 Chrome 浏览器的开源云操作系统 Chromium OS 本身又是一个独立的 JavaScript 运行环境。可以说它刚好就是被这种时代大势选中的一门语言，如今它甚至有“一统江湖”之势。在它这种跳跃式的跨界发展过程中，诞生了一种全新的运行模式——严格模式（Strict Mode）。在 Node 环境下，ES6 的新特性，必须指明以严格模式运行。

严格模式消除了一些不确定的行为，并且对某些不安全的操作抛出异常。它有助于解析引擎，优化代码，提高执行速度，也为以后新标准的制定留出余地。下面的内容将对严格模式做一个详细的介绍。

1. 启用严格模式

要使一个 JavaScript 文件运行于严格模式，只需要在文件顶部添加如下代码：

```
"use strict";
```

或者

```
'use strict';
```

这行代码是一个编译指示，用以告知解析引擎以严格模式解析脚本。严格模式可以用于整个脚本或单个函数。在用于脚本文件时，“use strict”需放在所有其他语句前面。

```
//代码 A-1
// Whole-script strict mode syntax
"use strict";
var v = "Hi!  I'm a strict mode script!";
```

而用于函数时，需放在函数内第一行。

```
//代码 A-2
function strict(){
  // Function-level strict mode syntax
  'use strict';
  function nested() { return "And so am I!"; }
  return "Hi!  I'm a strict mode function!  " + nested();
}
function notStrict() { return "I'm not strict."; }
```

2. 严格模式带来的变化

在语法和行为这两方面，严格模式都做了一些改变。这些变化主要分为以下几类。

- 对错误抛出异常，而不是静默地忽略；
- 简化变量的使用，去掉引擎难以优化的语法功能；
- 简化 eval 和 arguments 的使用；
- 增加安全特性；
- 为 JavaScript 迎接新标准做准备。

1）对错误抛出异常，而不是静默地忽略。严格模式将过去那些能够被静默忽略的错误变成异常抛出，因为这类错误代表着代码目的的矛盾。不一致的代码也许在当时不会产生什么不良后果，但未来可能会引起严重问题。严格模式不会容忍这些错误，使得开发者能够立即发现并且解决。

（1）在正常模式下，对一个没有声明的变量赋值，会自动作用到全局对象上（Node

的 global 对象，浏览器的 window 对象）。严格模式禁止这种做法，以避免意外地修改全局对象。

```
//代码 A-3
"use strict";
mistypedVaraible = 17;  //ReferenceError
```

上面的代码将会抛出类型为 ReferenceError 的异常。

（2）在正常模式下，引擎会默认忽略对 NaN 赋值的语句，但在严格模式下，引擎会以抛异常的方式，立即向开发者反馈错误。类似的还有给一个指定为不可写的属性赋值，对只有取值函数 getter 的属性赋值，给一个不可扩展的对象增加属性。

```
"use strict";
//Assignment to NaN
NaN = 'a';  //TypeError: Cannot assign to
            //read only property 'NaN' of #<Object>
//Assignment to a non-writable property
var obj1 = {};
Object.defineProperty(obj1, "x", { value: 42, writable: false });
obj1.x = 9; //throws a TypeError
//Assignment to a getter-only property
var obj2 = { get x() { return 17; } };
obj2.x = 5; //throws a TypeError
//Assignment to a new property on a non-extensible object
var fixed = {};
Object.preventExtensions(fixed);
fixed.newProp = "ohai"; //throws a TypeError
```

（3）严格模式禁止删除一个声明为不可删除的属性。

```
//代码 A-4
"use strict";
delete Object.prototype; //throws a TypeError
```

（4）严格模式禁止声明重名属性。

```
//代码 A-5
"use strict";
var o = { p: 1, p: 2 }; //!!! syntax error
```

（5）严格模式规定，函数参数的名称必须唯一，否则抛出语法错误。在正常模式下，相同名称的参数，位置最靠后的会把前面的隐藏，但所有参数仍然可以借由arguments[i]访问，因此这种隐藏意义不大，很可能写错了。

```
//代码 A-6
function sum(a, a, c){ //!!! syntax error
  "use strict";
  return a + b + c;    //wrong if this code ran
}
```

（6）八进制数的写法。ECMAScript 5标准下的严格模式禁止八进制数，但在ECMAScript 6标准下，八进制数前面需要加0o。Node支持前面加0o的八进制数，例如：

```
//代码 A-7
"use strict";
//Right
var a = 0o10; //ES6: Octal
console.log(a)
```

以下代码抛异常：

```
//代码 A-8
"use strict";
//SyntaxError
var sum = 015 + //!!! syntax error
          197 +
          142;
```

（7）严格模式禁止为基本数据类型添加属性，以下操作非法。

```
//代码 A-9
(function() {
"use strict";
false.true = "";          //TypeError
(14).sailing = "home";    //TypeError
"with".you = "far away"; //TypeError
})();
```

2）简化变量的使用，去掉引擎难以优化的语法功能。

（1）严格模式禁止使用 with。with 的问题在于，其语句内部的变量名只有在运行的时候才能够被决定，这使得引擎在编译阶段难以生成高效的代码。因为 with 代码块中的名称既有可能代表语句内部的变量，也有可能是 with 表达式中对象的属性，还有可能位于代码块外，甚至是全局对象的属性。

```
//代码 A-10
"use strict";
var x = 17;
```

```
with (obj) //!!! syntax error
{
  x;
}
```

（2）严格模式下，eval 有单独的作用域，不能够使用 eval 语句在它之外创建变量。正常模式下，语句 eval("var x;") 会为它所在的运行环境声明一个变量 x，在严格模式下，x 只在 eval 语句内部有效。

```
//代码 A-11
var x Z= 17;
var evalX = eval("'use strict'; var x = 42; x");
console.assert(x === 17);
console.assert(evalX === 42);
```

（3）严格模式禁止删除变量。

```
//代码 A-12
"use strict";
var x;
delete x;                        //!!! syntax error
eval("var y; delete y;"); //!!! syntax error
```

3）简化 eval 和 arguments 的使用。严格模式将 eval 和 arguments 的一些怪异和奇特的用法做了限制，并倾向于将 eval 和 arguments 当作关键字处理。

（1）严格模式不允许对 eval 和 arguments 赋值。以下语句运行都会报错。

```
//代码 A-13
"use strict";
```

```
eval = 17;
arguments++;
++eval;
var obj = { set p(arguments) { } };
var eval;
try { } catch (arguments) { }
function x(eval) { }
function arguments() { }
var y = function eval() { };
var f = new Function("arguments", "'use strict'; return 17;");
```

（2）在严格模式下，修改函数参数不会影响 arguments，下面的示例代码能够正常运行。

```
//代码 A-14
function f(a){
  "use strict";
  a = 42;
  return [a, arguments[0]];
}
var pair = f(17);
console.assert(pair[0] === 42);
console.assert(pair[1] === 17);
```

（3）arguments.callee 不能再使用了。正常模式下，arguments.callee 返回正在执行的函数本身的引用。在严格模式下，这种用法被禁止。

```
//代码 A-15
"use strict";
var f = function() { return arguments.callee; };
f(); //throws a TypeError
```

4）增加安全特性。在严格模式下，写出安全的代码变得更容易，引擎不会越俎代庖，除非使用者有意地这样做。

（1）在严格模式下，函数的上下文对象 this 可以是简单值，并且避免了对全局对象的引用。在正常模式下，this 只能是一个对象，例如下面的代码：

```
//代码 A-16
function f(a){
  console.log(this);
}
f.call(true);
```

运行结果为 [Boolean: true]，引擎会自动地将简单类型打包为对应的对象。但严格模式不会做这样的转换。

```
//代码 A-17
'use strict';
function f(a){
  console.log(this);
}
f.call(true);
```

运行结果为 true。

正常模式下，如果不指定 this 对象，或者指定为 undefined 或 null，则 this 引用的是全局对象。

```
//代码 A-18
function f(a){
  console.log(this);
}
f.call(null);
```

上面的代码打印出全局的 global 对象。但在严格模式下，除非使用 call 或 apply 明确指定 this 为 global 对象，否则 this 为 null 或者 undefined。

```
//代码 A-19
'use strict';
function f(a){
  console.log(this);
}
f.call(null);
f();
```

结果为：

```
null
undefined
```

（2）严格模式禁止访问函数对象属性 caller 和 arguments，这意味着不再可能遍历调用堆栈了。

```
//代码 A-20
'use strict';
```

```
function outer(){
  inner();
}
function inner(){
  console.log(arguments.callee.caller);
    //TypeError: 'caller', 'callee', and
    //'arguments' properties may not be accessed
    //on strict mode functions or the arguments
    //objects for calls to them
}
outer();
```

5）保留关键字。严格模式将 implements、interface、let、package、private、protected、public、stati和yield 作为保留字，用户代码不能以这些名称命名变量。

```
//代码 A-21
function package(protected){                //!!!
  "use strict";
  var implements;                           //!!!
  interface:                                //!!!
  while (true){
    break interface;                        //!!!
  }
  function private() { }                    //!!!
}
function fun(static) { 'use strict'; } //!!!
```

附录 B　JavaScript 编码规范

好的代码看上去是优美的，并且是在巧妙地解决问题。因此，关于什么是好的代码这个问题，可能要从不同层面来探讨。下面的内容主要在于“脸面”，也就是一些使代码看上去优美，让别人读起来舒服些的规范。

1. 代码格式

（1）使用 2 个空格的缩进，不要用 tab 缩进。几乎所有的编辑器支持将 tab 替换为空格。有些编辑器默认使用 4 个空格替换 tab，但过多空格容易使代码左边区域出现大片空白，内容过于向右侧伸展，给阅读带来不便。无法让人忍受的是空格与 tab 混用。

（2）使用 UNIX风格的换行，每行结尾以（\n）结束，永远不要使用 Windows 的换行符（\r\n）。

这条似乎禁止了我们在 Windows 下编写程序。但实际情况没这么糟糕，因为 Git 在提交的时候会将换行符自动转换为 UNIX风格。

（3）行末无空白。在提交代码前，应清除行末的空格。否则，这种疏忽会使贡献者和合作者认为编码不够规范。

（4）使用分号。

正确：

```
//代码 B-1
var day = new Date().toLocaleString();
console.log(day);
```

错误：

```
//代码 B-2
var day = new Date().toLocaleString()
```

```
console.log(day)
```

虽然 JavaScript 可以像 Python 那样，用换行作为语句的界限。但我们建议，哪怕是只有一行的代码，也不要省略分号。不要滥用纠错机制（省略分号）。

（5）每行最多 80 个字符。

将一行限制在 80 个字符。虽然屏幕这几年越来越大，但可以让多余的空间用于分屏。

（6）使用单引号而不是双引号。

正确：

```
//代码 B-3
var foo = 'bar';
```

错误：

```
//代码 B-4
var foo = "bar";
```

这除了使代码更加简洁，在前端领域，这样做也是非常必要的。

（7）在同一行写大括号。

正确：

```
//代码 B-5
if (true) {
  console.log('winning');
}
```

错误：

```
//代码 B-6
if (true)
```

```
{
  console.log('winning');
}
```

这是为了使代码看起来不至于过于稀疏。

（8）每行声明一个变量。

正确：

```
//代码 B-7
var keys   = ['foo', 'bar'];
var values = [23, 42];
var object = {};
while (keys.length) {
  var key = keys.pop();
  object[key] = values.pop();
}
```

错误：

```
//代码 B-8
var keys = ['foo', 'bar'],
    values = [23, 42],
    object = {},
    key;
while (keys.length) {
  key = keys.pop();
  object[key] = values.pop();
}
```

每个 var 只声明一个变量，这样可以更容易地重新排序。并且变量应该在更有意义的地方声明。

2. 命名规范

（1）使用首字母小写给变量、属性和函数命名。

正确：

```
//代码 B-9
var adminUser = db.query('SELECT * FROM users ...');
```

错误：

```
//代码 B-10
var admin_user = db.query('SELECT * FROM users ...');
```

变量、属性和函数名应该使用 lowerCamelCase（首字母小写），名称也应该是描述性的。一般应避免使用单字符变量和不常见的缩写。

（2）类名首字母大写。

正确：

```
//代码 B-11
function BankAccount() {
}
```

错误：

```
//代码 B-12
function bank_Account() {
}
```

（3）常量全部大写。

正确：

```
//代码 B-13
const SECOND = 1 * 1000;
function File() {
}
File.FULL_PERMISSIONS = 0777;
```

错误：

```
// 代码 B-14
var second = 1 * 1000;
function File() {
}
File.fullPermissions = 0777;
```

3. 变量

对象和数组的创建。

正确：

```
//代码 B-15
var a = ['hello', 'world'];
var b = {
  good: 'code',
  'is generally': 'pretty',
};
```

错误：

```
//代码 B-16
var a = [
  'hello', 'world'
];
var b = {"good": 'code'
        , is generally: 'pretty'
        };
```

使用尾随逗号，把短的声明为一行。不要用引号将键名括起来，除非含有空格这种引擎无法正确解析的字符。

4. 条件语句

（1）使用 === 而不是 ==。

正确：

```
//代码 B-17
var a = 0;
if (a !== '') {
  console.log('winning');
}
```

错误：

```
//代码 B-18
var a = 0;
if (a == '') {
  console.log('losing');
}
```

== 包含着隐式转换，因而可能与预期不符。

（2）使用多行三元运算符。

正确：

```
//代码 B-19
var foo = (a === b)
  ? 1
  : 2;
```

错误：

```
//代码 B-20
var foo = (a === b) ? 1 : 2;
```

三元运算符不建议用在同一行，写成多行容易修改。

（3）使用描述性的条件。

正确：

```
//代码 B-21
var isValidPassword = password.length >= 4 && /^(?=.*\d).{4,}$/.
test(password);
if (isValidPassword) {
  console.log('winning');
}
```

错误：

```
//代码 B-22
if (password.length >= 4 && /^(?=.*\d).{4,}$/.test(password)) {
  console.log('losing');
```

```
}
```

任何判断条件应该有一个描述性的变量名或函数名。

5. 函数

（1）写小而短的函数。

把函数写得短一点。方便别人阅读，代码也显得简洁。

（2）尽早从函数返回。

正确：

```
//代码 B-23
function isPercentage(val) {
  if (val < 0) {
    return false;
  }
  if (val > 100) {
    return false;
  }
  return true;
}
```

错误：

```
//代码 B-24
function isPercentage(val) {
  if (val >= 0) {
    if (val < 100) {
      return true;
    } else {
```

```
      return false;
    }
  } else {
    return false;
  }
}
```

应该尽早地返回，避免 if 语句嵌套太深。

（3）为闭包起一个名字。

正确：

```
//代码 B-25
req.on('end', function onEnd() {
  console.log('winning');
});
```

错误：

```
//代码 B-26
req.on('end', function() {
  console.log('losing');
});
```

随时给闭包命名，这样能产生更清楚的栈跟踪、堆和 CPU 的分析报告。

（4）不要嵌套闭包。

正确：

```
//代码 B-27
setTimeout(function() {
```

```
  client.connect(afterConnect);
}, 1000);
function afterConnect() {
  console.log('winning');
}
```

错误：

```
//代码 B-28
setTimeout(function() {
  client.connect(function() {
    console.log('losing');
  });
}, 1000);
```

使用闭包，但别嵌套使用，否则，代码会很杂乱。

（5）方法链。

正确：

```
//代码 B-29
User
  .findOne({ name: 'foo' })
  .populate('bar')
  .exec(function(err, user) {
    return true;
  });
```

错误：

```
//代码 B-30
User
.findOne({ name: 'foo' })
.populate('bar')
.exec(function(err, user) {
  return true;
});
User.findOne({ name: 'foo' })
  .populate('bar')
  .exec(function(err, user) {
    return true;
  });
User.findOne({ name: 'foo' }).populate('bar')
.exec(function(err, user) {
  return true;
});
User.findOne({ name: 'foo' }).populate('bar')
  .exec(function(err, user) {
    return true;
  });
```

如果使用方法链，确保每行只调用一个方法。并且要合理使用缩进，以清楚地表明这些并列的方法。

6. 注释

使用双斜杠注释，用英文写注释，不要带中文字符。

正确：

```
//代码 B-31
//'ID_SOMETHING=VALUE' -> ['ID_SOMETHING=VALUE', 'SOMETHING',
'VALUE']
var matches = item.match(/ID_([^\n]+)=([^\n]+)/));
//This function has a nasty side effect where a failure to
increment a
//redis counter used for statistics will cause an exception. This
needs
//to be fixed in a later iteration.
function loadUser(id, cb) {
  //...
}
var isSessionValid = (session.expires < Date.now());
if (isSessionValid) {
  //...
}
```

错误：

```
//代码 B-32
//Execute a regex
var matches = item.match(/ID_([^\n]+)=([^\n]+)/);
//Usage: loadUser(5, function() { ... })
function loadUser(id, cb) {
  //...
```

```
}
//Check if the session is valid
var isSessionValid = (session.expires < Date.now());
//If the session is valid
if (isSessionValid) {
  //...
}
```

使用双斜杠为单行和多行注释，尝试从更高层次说明代码要实现的功能，不要重申琐碎的事情。

7. 其他需要注意的杂项

（1）禁用 Object.freeze、Object.preventExtensions、Object.seal、with、eval，这些函数尽量少用。

（2）将依赖模块写在文件开头。

正确：

```
//代码 B-33
let Promise = require("bluebird");
var co = Promise.coroutine;
var path  = require('path');
//...
```

错误：

```
//代码 B-34
let Promise = require("bluebird");
var co = Promise.coroutine;
//...
```

```
var path  = require('path');
//...
```

将 require 语句写在文件开头，包含所有引入的模块。文件使用了哪些模块一目了然。

（3）不要扩展内置属性。

正确：

```
//代码 B-35
var a = [];
if (!a.length) {
  console.log('winning');
}
```

错误：

```
//代码 B-36
Array.prototype.empty = function() {
  return !this.length;
}
var a = [];
if (a.empty()) {
  console.log('losing');
}
```

请记住，不要扩展 JavaScript 原生对象的内置属性。

参考资料

（1）https://blog.codinghorror.com/the-principle-of-least-power/

（2）https://developer.mozilla.org/en-US/docs/Web/JavaScript/Reference/Strict_mode

（3）https://github.com/felixge/node-style-guide

（4）Nicholas C.Zakas.《JavaScript高级程序设计（第3版）》[M].李松峰，曹力，译.北京：人民邮电出版社，2006.